时间疗愈课

贤宗 著

中国财富出版社

图书在版编目（CIP）数据

时间疗愈课 / 贤宗著 . —北京：中国财富出版社，2017. 1

ISBN 978 - 7 - 5047 - 6291 - 7

Ⅰ. ①时… Ⅱ. ①贤… Ⅲ. ①人生哲学—通俗读物 Ⅳ. ①B821-49

中国版本图书馆 CIP 数据核字（2016）第 254187 号

策划编辑 姜莉君 **责任编辑** 单元花
责任印制 方朋远 **责任校对** 杨小静 张营营 **责任发行** 邢有涛

出版发行 中国财富出版社
社　　址 北京市丰台区南四环西路 188 号 5 区 20 楼 **邮政编码** 100070
电　　话 010 – 52227588 转 2048/2028（发行部）010 – 52227588 转 307（总编室）
010 – 68589540（读者服务部） 010 – 52227588 转 305（质检部）
网　　址 http:// www. cfpress. com. cn
经　　销 新华书店
印　　刷 北京市通州运河印刷厂
书　　号 ISBN 978 – 7 – 5047 – 6291 – 7 / B · 0512
开　　本 787mm × 1092mm 1/32 **版　　次** 2017 年 1 月第 1 版
印　　张 7.125 **印　　次** 2017 年 1 月第 1 次印刷
字　　数 98 千字 **定　　价** 32.00 元

前 言

时间会疗愈你的心

为什么会陷入无端的痛苦之中？当我们将无常、生灭、变化、流动的事物看作持久、固定、永恒时，当我们被困在“此时此刻”这个狭小的时间范围中，守着自己的贪婪、愚昧、嗔恨、怀疑、烦恼等情绪不肯放下时，当我们亲手给自己打造了一个牢笼时，我们越想挣脱反而被束缚得越紧。

每个人都要经历无数的磨难与痛苦，它们并非空穴来风，凡事有因才有果，有因必有果，昨天种下的因得到今天的果，而今天的每一个言行举止、起心动念又会在明天结出新的果实。今天遇到困难、险境、棘手的问题是因为昨天种下了相应的恶因，若想让明天的自己喜乐、健康就要播种善因，如此才能避免结出恶果。但无论哪一种因果，随着岁月的变迁，终究都会过去，而你终会懂得，接纳了真实的自己，就接纳了整个世界。

时间在流逝，人也在不断成长，尤其那些艰难困苦的磨炼让人成长得更快、心锻造得更强大。心中有了笃定的信念和力量，就不会因为外物的无常、改变而心有戚戚，遇到什么事情都会保持一种淡然的态度，遇到任何困难都会找到解决的办法。

我曾经多次带领学生们拜山，山路崎岖陡峭，我们要从山脚一直拜到山顶。很多人在拜到一半的时候就撑不住了，只好停下来休息。其实，路程过半之后，我也已经疲惫不堪、头昏眼花、全身疼痛，也有过一丝念头想要放弃，但是最终咬牙坚持了下来。抵达山顶之后，呼吸着冰凉新鲜的空气，感受着轻柔湿润的山风，再回望身后的路途时，发现整个过程也不过如此。疲惫和疼痛的感觉终究会过去，但是那种喜悦的心情却可以持续很久。

人有生老病死，物有成住坏空，宇宙万物都在随着时间的流逝而不断生灭变化，我们这一期生命在整个宇宙之中不过是短暂的一瞬间罢了。《金刚经》中讲“一切有为法，如梦幻泡影，如露亦如电”，我们所见、所闻、所感的一切，都像梦幻、泡影、闪电一样幻化、生灭、无常。就像我曾经多次面对老人家的逝世一样，他们的音容笑貌仿佛还在眼前，可是我却再也见不到他们的笑容了。

其实每个人都要面临生死的问题。我们的生命还剩下多少时间？我们距离死亡还有多远？世间的一切名闻利养、荣辱烦扰都会过去，无论生命多么辉煌灿烂，或者多么落魄潦倒，这些都将被时间抖落，再被时间掩埋。

佛学中非常看重“心”的作用，心灵之于我们，就像翅膀之于飞鸟，根茎之于树木。人最难逃离的是自己心中的劫难。时间，源于我们的心，我们的心是时间生发的结果，时间会疗愈我们的心。

贤　宗

2016 年 7 月

目 录

目 录

第一章

参禅就是修心

一个人如果心量狭小，随便受一点打击就不能承受，是无法真正担当重任的。

第一章　参禅就是修心

人们将有修为、有德行之人称为君子。《易经》中说“君子以厚德载物”，就是说胸襟广阔、道德高深的人有很大的担当和承载。一个人如果心量狭小，随便受一点打击就不能承受，是无法真正担当重任的。

心量宽了视野才阔、天地才广，若想扩展自己的心量，就要学会静心、学会沉稳。佛法可以给我们帮助，因为禅修能够改观我们内心对事物的肤浅认识。要知道，一个人的深厚并非与生俱来，需要每天持续自我修行、观照、审查，在这个过程中不断沉淀。因此，禅修又叫静虑，独一静处、专精思维。

什么时候能独处，能面对自己，什么时候就能够自得其乐、不为外境所动。当年达摩祖师在少林寺的一个石洞里盘腿而坐，面壁九年，依靠的就是忘我而潜心的定力。如今很多人放下手机一天都活不了，更不要说一动不动地盘腿而坐了。

世间每一个事物其实都是独立的个体，都需要独处，一朵花开在绿叶之间，并不为谁而绽放，有人欣赏时，它不会开得更加美艳；没有人欣赏时，它也不会黯然凋零。苏轼参禅，写下的《十八大阿罗汉颂》中便有这一意境：空山无人，水流花开。

事实上，我们每天都在与外界、与他人进行着密切的联系，生活中很难做到不以物喜、不以己悲，心之定力需要慢慢去修炼、体悟。

曾经有个男孩对我说他很难过，女友离开了他，而他却一直无法放下。我说，你不要总把目光与精力聚焦在她身上，应该学会自己绽放，当你绽放的时候，自然会把蝴蝶吸引过来。活出真实的自己，提高学识、修养，与心灵对话、与灵魂交流，慢慢便会拥有属于自己的独特魅力。

人都具有社会属性，一生需要与形形色色的人打交道。有时候，别人的看法和评价能够左右我们的心情与行为，自己会不自觉地在意别人的眼光，甚至为了满足他人的期待将自己弄得心力交瘁。

如果做每件事都是为了讨好别人，又怎么能让自己的生命绽放出独特的光彩？每个人都需要有一种自我观照的意识，懂得把握自己的心。可以每天找段时间，不要受任何干扰，自己独处，不断对自己发问，坦诚地面对自己的困惑和内心的善恶，从而解除烦恼、消泯痛苦，这个方法就是禅宗里面讲的参禅。参禅并非一件很难的事情，也不一定要花费太多的时间和精力，在在处处，皆可修行。

不断向自己内心发问是一个很好的自我调理过程。如果生命像一潭死水，人生道路像一条直线，没有半点起伏曲折，生命的过程有什么意义？温室里的植物，在阳光、空气、水分、营养充足的环境中生长，开出的花无论多么艳丽，放到外面也很快会枯萎；而野外自由生长出来的山花，风吹过、雨打过、霜降下也能够承受，也不会改变自己的傲骨。

成为什么样的人、绽放出怎样的姿态都由自己掌握。问问自己，希望做温室的花朵还是野外自由生长的花朵？希望做一个对任何困难都毫无招架之力的弱者还是历练有成的强者？

一个人没有通过挫折的磨炼，内心是无法成熟起来的，只有经受过各种各样磨炼的人，其内心才坚不可摧。人没经过磨炼身上就缺乏一种力量，一碰到事情就会慌张不知所措；当人有力量时，遇到任何问题都会保持淡定，以这种心态处世，不管什么问题都很容易解决。

痛苦、艰难的事情往往会令人成长，困境可以磨炼意志，一旦向困境妥协，毅力也会随之瓦解，就像蛇的成长一样，蜕掉一层皮，成长一点，蜕皮时不能进食，还要忍受痛苦，可一旦旧皮脱落便获得了新生。

生物都有趋利避害的本能，但是人与动物的区别在于人有自己的思想，面对挫折，权衡过后依然可以迎难而上。但有的人一碰到困难就想逃避，无形之中便放弃了提升自己的成长机会。那些有完美人格的人，一定是在痛苦中修炼出了足够强大的内心，能够从容应对困难与危机。

参禅可以帮助人们战胜痛苦，用理智把那个喜欢逃避的自我拎到现实中来接受考验。修行不在于地点与环境，在于自己的心。

有人可能会借口很忙来推辞修行，可是每个人都处在忙碌的状态中。一个家庭主妇早上天没亮就起来做早饭，然后洗碗、拖地、洗衣服，十点钟又要去买菜，从早忙到晚，别人睡了她还在收拾家务；一个杂货店老板，每天守着店，既要进货，又要算账，还要处理好与顾客的关系，也很忙；出家人也很忙，特别是主持一个道场，每天有堆积成山的事情需要处理……

虽然所处位置不同、社会分工不同，但是每个人都有自己的工作，都要忙碌，关键是能否在这样一个忙碌的状态中抽出时间和心情，静下来、慢下来，打坐、读经、参悟人生。

只要生活在继续，就会不断有新的事情需要处理，尽自己的能力、用自己的智慧做好自己能做的事情，这样的人生便是有意义的。

人生活在一定的社会关系里，所言所行不一定能够让所有人满意。比如修行参禅，家人就不一定理解，一些对你有意见的人还可能故意刁难。无论不理解还是刁难，都是你修行的障碍，不支持或反对都是在考验你的心，这些阻碍会让你成长，心定下来，就不会在意他人的评论，并且能够用自己的智慧、善念感化对方。

把每件事情都当作人生的修行，就会发现，只要想改变，一定会成功。参禅就是修心，就是进行自我观照，每天看自己的心起伏变化，了解自己所处的状态，把握自己的情绪，掌握自己的人生。

第二章

洗涤心灵

苦难可以磨炼意志，让人成长。

第二章　洗涤心灵

人的大部分痛苦源于失去或苦求不得，二者都是因为太过贪恋，不肯放下，便难以忘记痛苦。人往往习惯关注自己，特别在意自己碰到的问题，将其视为生活中头等重要的大事，希望有万能的神立刻把自己的烦恼、病痛和一切不如意解决掉。但是这个世界没有无因之果，每一件事情的发生都有其原因和条件，没有找到因由，如何改变结果？我们学佛也正是为了看清事物的本质，找到事物发展的潜在规律，寻因而究果。找到自己烦恼的原因，才能从根本上解决问题。

今天的不健康源于过去不良的生活习惯，今天的不如意源于过去没解决的问题。昨天已然如此，我们需要考虑的，是今天的所作所为会在以后结下什么样的果。从今天就要努力，不再种导致恶果的因，排除恶果产生的可能性。有的人会问，为什么我做了那么多好事、那么多布施，还会遇到棘手的问题？这是因为你曾经种下的因结出今天的果，今天种下的因，还要一段时间、一个过程才能结出果来。当你渴望得到善果时，唯一的路径就是广种福田，数量多了总有一些能生根发芽，结出丰硕的果实。人生的因果循环跟自然界的规律是一样的，有春天的辛劳播种才会有秋天的丰厚硕果，有行善之心才能获得善的回报。

若想得善果，我们看待问题的视角就要转变，不能凡事都站在自身角度来考虑，不能总把眼光执着于自己。多看看他人的需要，多倾听他人的诉求，学会换位思考、感同身受，从他人身上种下善的种子。布施也是一种智慧，用智慧去指导自己的行为，就会发现自己的心慈悲了、见识增加了、胸襟开阔了，看待世界的方式改变了，人生轨迹也会因此改变。

我们对外在世界的认识和判断来源于心，起心动念决定着我们的心境，心境决定着对外界事物的评价和取舍。其实生活中很多问题根本都不是问题，心胸狭窄了处处是障碍；心胸开阔了，事事都能看得淡、看得坦然。人生就是这样，活得再好也是一期生命，活得不好也是一期生命，有钱没钱、有名无名，最终都要结束。

苦难可以磨炼意志，让人成长。有时候觉得什么事情都放不下、看不开，是因为没有经历过真正的痛苦。为什么士兵大多能够将生死置之度外？因为他们见惯了生死，也明白自己的使命。所以，战士往往有着钢铁般的意志和勇往直前的精神。在战争中，他们是没有自我观念的，有的只是国家、集体、纪律。当一个人能够做到忘我，无论做什么事都专心致志，定然攻无不克、战无不胜。

达到忘我的境界，内心是最明亮的，此时自我的认知也最清晰、准确，因为能够站在一个客观的角度审视自己、分析自己、了解自己。这样的心态就像长跑运动员一样，跑完漫长的路途，心中已经没有了胜与负的概念，有的只是终点这个明确的目标，全力冲刺就成了唯一的念头，此时，潜能便会发挥到极致。

人在“无我”的状态之下能够充分发挥潜能，亦能创造出想象不到的奇迹。“无我”并非无所作为、消极颓废，而是换一个角度来看待世界，站在一个更高的位置去纵览全局，而非将自己的目光局限于狭小的范围之内，局限在细微的事物和情绪之上。

当我们将心安顿好，静静地思考：活着的意义在哪里？赚钱的目的是什么？自己在家庭里处于什么位置？在企业里处于什么位置？在社会中处于什么位置？当我们深入思考这些问题的时候就会发现，那些让你纠结的东西原来不过如此，如此简单地就找到了答案。

《金刚经》曰：“如来不以具足相故，得阿耨多罗三藐三菩提。”如来不执着于相，最后达到了无上正等正觉的境界。放下相，便是得道的第一步。

佛法教人悲悯，当一个人心怀悲悯，才会行善事、结善缘、得善果。你是自私之人，凡事以自己为中心，身边的人就会离你越来越远；你是慷慨大方的人，凡事为他人着想，就会有越来越多的人聚集到周围。“人之初，性本恶”，恶是什么？就是贪婪、嫉妒、自私。

修炼的过程，就是洗涤心灵、陶冶情操的过程，当本性中的恶慢慢地脱落，而善慢慢地填满内心，灵魂的高度就会得以提升。

第三章

让心柔软

一个人的福德有多深厚，人生的成就便有多大。

第三章　让心柔软

一个人的福德有多深厚，人生的成就便有多大。

人不可能都处在同样的位置，不可能都有同样的待遇，每个人都有自己的性格和个性，任何一种环境都无法满足所有人的要求。安静的环境满足了好静的人，却满足不了好动的人；热闹的环境满足了好动的人，却满足不了好静的人。人与人之间的这种差异是合理的，但是人性是平等无差别的，不管总统还是乞丐，我们都要尊重，当我们以这样的心态对待身边每一个人的时候，我们的内心就会回归平和，满怀感恩。

无论身处何地，接受到别人的服务就要心怀感恩。哪怕是身边的服务员和扫地的阿姨，也要用平等心去尊重他们的劳动成果。饿了就多吃一点，饱了就少吃一点，喜欢就多吃一点，不喜欢就少吃一点，没必要去苛责饭店的服务员。怀有一颗平等心，对身边的每一个人都会保持尊重和感恩。当然，我们能够尊重别人，有时候却不一定能够得到相应的敬意，这是考验耐心和境界的时候，君子以德报怨，不能因为个别人的行为而否定社会，也不能因为某个人的个别行为而彻底否定他这个人。有时候你善待别人却得不到他的尊重，甚至他还会恩将仇报，但是不能为此而否定整个社会、否定所有人，更不能为此便不再尊重他人。不知感恩、恩将仇报的人的确存在，但毕竟是少数，不能因为少数人的行为而降低自身的品质。

对万物的尊重源于自己的心，有一颗平等心和感恩心实际上是自身的需要，而不是为了做给别人看，为了得到别人的感谢。平等心和感恩心是正向的能量，当你身上产生这样一股正能量的时候，你身边就会吸引来一群同样有正能量的人。

需要平等对待的不单单是人，还包括山川、草木、昆虫、鸟兽。景色往往是心情的映衬，心中是苦的，眼前便不会出现甜。用无差别的平等之心来看待世界，走到哪里都像来到了人间天堂。

大家阅读这本书能有多大的收获，最终取决于自己的领会和体悟，如果心与这些文字有共鸣，就会受益匪浅；如果心与这些文字不合，那么阅读每一句话都会感到十分痛苦，甚至会觉得我讲的所有内容都是在胡言乱语。

平等心让我们的内心变得更柔软，让我们观照世界众生的目光更慈悲，让我们的分别心慢慢淡去，让我们感受到世间万物的平和与喜乐。

心平静了，人所表现出来的人格就非常完美，一言一行都会非常谨慎周到。有什么样的心境，就会产生什么样的相，当别人展现给你某种相的时候，你的内心也会做出反应，最终以你自己的相表现出来。所以，当看到别人表现出一种自己不喜欢的状态时，首先要观照自己的内心，而不是苛责对方的行为。有的人之所以能有巨大的承载力，是因为他们付出了很多，这种付出一定要建立在平等心的基础上。

利他，可以称为布施。布施中的最高境界叫作无相布施。怎样才能做到无相布施，怎样能够做到心中只有别人、没有自己，不求回报地为他人付出？

可以放下自己的身份去做一些很谦卑的事情，在这种环境下所想到的问题会跟以往截然不同。我经常问我身边的人，你们在做一切事情的时候有没有想着去利益别人？当你为别人付出时，是不是不求回报的？

人这一生想要有成就，就要时刻想着利益众生，你若要能时刻为朋友着想，他便会永远对你不离不弃。大到一个国家，小到一个家庭，都遵循同样的道理。

想赢得别人的尊重，就要时刻想着去为别人付出。如果心中充满嗔恨、焦虑、怀疑、贪婪，便是在折磨自己的身体，给自己制造压力，到了一定程度就会将自己压垮。每天给自己的身心减压，清理内心的垃圾，心情就会变得愉悦，身心也能获得健康。

总想着别人为自己付出，自己不想去为别人做出贡献的人只会越活越悲哀，在自己狭隘封闭的世界里，自己出不来，别人也进不去。

要是有人向你索取，你能给多少就给多少，不要认为那是吃亏，你现在所有的付出，总会在其他时间、其他地方获得回报。只要爱心和善心不消失，善报一定会到来。

有机会布施就要布施一点，我们的布施永远不会消失，一定会在某个时间通过某种形式还回来。但是不要无缘无故地接受别人的恩惠，付出的没有得到的多，绝对不是件好事情。

为自己所追求的无上正等正觉境界锲而不舍地努力，同时也要心怀天下和苍生。我们在行善事的时候，内心就会很清凉，这便是菩提心的力量，做无相布施能够把有限的福德变为无量的功德。另外，礼佛的时候一定要说“弟子顶礼十方三世一切诸佛”，把世间一切的佛全部都拜了。念经的功德也要回向给十方三世无量众生，这也是心怀菩提的表现。

同样，你所做的事情，也要为十方三世无量众生，用不求回报的豁达心胸去行善。当你的一切都是为了众生而存在的时候，你就不是一个单一的人，你的一切都是众生，众生的一切都是你。

我们要具备一种观照事物的力量，观照是正确解读事物的前提，就像一面镜子，要能够时刻看到自己的起心动念，看到自己的所作所为。

下化众生就是度化无量无边的众生，我们自己也是众生的一员，也需要度化。我们身边的每一个人，父母、妻子、朋友、同事、上司、下属都是众生，同样也要度化。度化他人并不一定需要多么繁复的仪式或复杂的情形，平常的一言一行都可以给他人以启迪，用自己善意的言行去影响他人，这便是在度化众生了。

微信是现在十分流行的社交工具，平常在发微信的时候可以多写一些生活的哲理和自己的感悟，传播一种正能量。有的人只会在微信上晒自己的照片，我有个微信好友，买件新内衣也要拍几张照片晒出来，让人很无语，最后，我只好把他拉黑了。

要度化众生，首先要度化自己，这就是自度度人的道理。度化别人需要达到一定的境界，自己的修行还不够的时候，千万别想着去度化别人，很有可能还没度化别人就被别人同化了。内心不清净的时候，想到的法是乱法，乱法不可能得到纯善的结果，自己还不够善，怎样去教别人行善呢?

以一种慈悲心来看待世间万物的时候，眼中的世界就会非常美好，内心充满欢喜之感，就像清晨走在山间，一股清风迎面吹来的舒服状态。随风潜入夜，润物细无声，干涸的内心得到智慧润泽之后会重新变得温润柔软。

第四章

至　　简

要时常观照内心，了解它处于什么状态。

禅宗的修行主要是修心，想要修行，便要静心。

所谓静心，就是能看到自己内心的起伏和不定，让心达到一种通透的状态。静心注重“止”和“定”，把所有忙乱的思绪收回来，安住当下，反观内心。若内心不能安住，思想就很混乱，此时无论做什么、思考什么，都不会周全、缜密。

有句老话“江山易改，禀性难移”，一个人最难改变的就是自己的本性，所以对于每个人来说，最大的敌人是自己，而非他人。如果我们能控制自己、指挥心灵，便能改变自己的人生。解读世界的观念改变了，眼中事物的形态就不一样。禅宗中所说的降伏其心，便是如此。

人的痛苦往往是自寻烦恼的结果，同样是阳光普照，有人看到的是光明，有人看到的是阴影；同样是一座山峰，有人说它巍峨，有人说它危险。由于视角、思维方式不同，客观的世界在不同的人眼中呈现的形态也不尽相同。想要消除烦恼，不能追逐阳光去消灭阴影，也不能移掉山峰铲为平原，唯一能做的就是改变自己，改变自己的观点、心念、看法。

要时常观照内心，了解它处于什么状态。看到自己的快乐，也看到自己的痛苦；看到自己的无知，也看到自己的自在。让自己保持清醒的状态，即是修行。

人之所以痛苦，是因为错误地解读了这个世界。什么叫错误？具体来说，就是把无常、生灭、变化、流动的东西，看成持久、永恒、固定、不变的。就像我们每一个人，现在年轻，不可能永远年轻；现在富有，不可能永远富有；现在生病，不可能永远生病；现在健康，不可能永远健康……

我们身边的人，昨天、今天、明天，这个月、下个月，似乎都一样，没什么变化，其实他们分分秒秒都在变化，时日漫长，这些变化会慢慢在身上显现出来。

就像瀑布，水不断从顶上流下来，日夜不息，每一次看都那么气势恢宏、雷霆万钧，但是变化就隐藏在这看似不变之中：后面的水流过来，前面的水流走了，不断更替；山崖日夜被流水冲刷，慢慢棱角就会被磨平。因此，佛陀告诉我们，宇宙间的任何事物，都像梦、像泡、像影、像电，都是幻化、生灭、无常的，变化本身才是世间永恒不变之至理。

了解了这一点，对宇宙万物、对人生、对事业、对金钱、对情感的看法都会变得豁达自然，就能成为世间的自在人。要知道，人有生老病死，物有成住坏空，这一切都是无常，都在变化。现在所拥有的一切，青春、金钱、权力，等等，都只是暂时拥有。

事物没有永恒不变，世间也没有独立的、实在的个体。这是佛学中最重要的概念，叫缘起性空。

如果你此时在用一只杯子喝茶，你可以叫它茶杯；但对一个喝酒的人来说，只要它可以用来装酒，那么它就是一个酒杯；如果一只小狗面对这只杯子就不会有什么想法，顶多认为是玩具。可是它到底是什么呢？是茶杯、酒杯，还是玩具？

这只盛水的杯子其实没有固定名称，你命名什么就叫什么，认为它有什么样的作用，它就有什么样的作用。万事万物皆是如此，它们的名称、作用都是人来决定的，我们给它们注入了什么样的价值，它们就以什么样的状态展现在我们面前。如果有必要，或许我们会用新的名称去命名它们。比如茶杯不再叫茶杯，大家都叫它茶碗，那么以后喝茶的容器在百科全书中的名字也就会改成“茶碗”了。

人对某个事物的偏执，往往源于内心偏激的认识，一旦内心对事物的解读方式变了，行为方式、价值观念都会随之改变。

然而人的内心素有一些顽固的习气不肯轻易改变，比如贪婪、嗔恨、愚昧、怀疑、烦恼、不正确的见解……

基督教认为人是带着原罪来到世间的，佛教认为人带着业力或习气来到世间。业力也好，习气也好，原罪也好，都是指贪婪的本性。

物质、名望、金钱，内心渴望的一切事物，往往得到一就想得到二，继而欲望不断膨胀、增长。贪婪没有止境，很容易陷入泥潭中无法自拔。要想让自己的内心得到宁静、喜乐、幸福，就必须消除贪婪的欲念。能让自己贪婪的心止息，放下执念，停止索求，快乐就会越来越多，自在也越来越多。

快乐一定建立在简单的生活、单纯的思想之上。当我们的生活和内心越简单，就越能进入天地大道，进入无为，进入和天地合而为一的境界；内心越复杂，污染越严重，越偏离清净污染的自性，越偏离宇宙人生的至理。

简单就是快乐的源泉，大道至简，知足常乐，古老的谚语中所蕴含的便是这样简单却又深刻的道理。

第五章

不 攀 缘

认识不到人生真谛的人，生命就会活得很空虚，贪图虚名、没有内涵。

第五章　不攀缘

生命的意义是什么？生命中什么才是最重要的？怎样才能无憾地度过一生？

这些问题看起来高深，似乎与柴米油盐的普通生活没有关系，但事实上它们关乎每个人的生命质量，值得大家去深入思考。

先哲们往往把探求真理看得比生死还重要。孔子说："朝闻道，夕死可矣！"懂得了仁义的道理，就应该用自己的一生去实践它，为了捍卫它，甚至不惜牺牲自己的生命。其实每个人都需要具备这样的精神，让生命的价值得到更好的发挥。

假设一个人得知自己将不久人世，他心里会有怎样的想法？他会如何度过最后的几天生命？世间的名闻利养还会放不下吗？对他人带来的小小伤痛还会耿耿于怀吗？还会用分别心、计较心去对待生活中的一切俗常烦恼吗？还会纠结、抱怨生活与他人吗？

人的一生像蚍蜉一样短暂，怎能把宝贵的时间轻易挥霍、浪费掉？有那么多真理值得去探寻，有那么多梦想值得去追逐，有那么多美好的风景值得去体验，如果只是贪图享乐，穷尽一生却徒劳无获，到临终之前才追悔莫及。

倘若不想自己未来后悔，此刻就要明白生命真正的意义和价值，让心灵获得润泽，让思想沐浴阳光。安住自己的心，用心去生活，事情无论大小都努力做好，微笑面对生活，面对他人。

《心经》曰：“依般若波罗蜜多故，心无挂碍，无挂碍故，无有恐怖，远离颠倒梦想，究竟涅槃。”就是教我们要用佛法的智慧去观照生活，看清生活的本质是空，一切所见所闻的东西都只是虚假的显现，明白了这个道理，就没有什么事情值得去纠结了。把一切都看淡，心中便了无牵挂，没有挂碍才能活得自在。每天生活在焦虑、担忧中，人生道路肯定走得很辛苦。

要怀着一颗平常心来面对生活，生活中遇到的每一件事情都不是偶然发生的，背后一定存在着必然的缘由，因此没有必要去排斥。接受它，与它和平共处，这样才能活得自在精彩。

弘一大师有一次去朋友家中做客，朋友的太太做的菜太咸了，朋友说要重新做，弘一大师却说："不用撤了，咸有咸的滋味，淡有淡的滋味。"然后，专心地把菜吃完了。

吃饭也是一种修行，一般人吃饭可能就是为了填饱肚子，稀里哗啦吃个精光，吃饱喝足，菜是什么味道都没有品尝出来，就像猪八戒吃人参果一样。弘一大师却是一口一口地品尝，每一粒米的滋味都用心去体会。既然要吃，为什么不尽情享受这个过程?

不仅吃饭，行、住、坐、卧皆是禅修。

禅宗里面有一则公案，有个晚生去拜访一位老和尚：“大师，你有修行吗？”

老和尚说：“有。”

晚生问：“你是如何修行的？”

老和尚说：“我饿了就吃，困了就睡，想到什么就做什么。”

这个晚生就好奇了，说：“我也是这样的啊？为什么我感觉不到自己在修行呢？”

老和尚告诉他：“一般人吃饭时在想睡觉的事，睡觉时在想吃饭的事，心没有一刻是安定的。我吃饭就是吃饭，睡觉就是睡觉，不会三心二意。”

晚生这时才恍然大悟，原来修行这么简单。

修行的简单就在于生活中事事都是修行，但它也难，难就难在要把心安在当下。修行并不是什么晦涩难懂的高深学问，每个人都能够理解，关键是能否践行。

第五章　不攀缘

人的很多痛苦都源于贪婪，吃着碗里的想着锅里的，世间美好的事物是无穷无尽的，若总是去比较，永远都不会满足，永远都会觉得没得到的东西才是最好的，这山望着那山高。就像有些女孩交男朋友，今天跟这个好，左一声我爱你，右一声我爱你，明天看见一个更帅的，就见异思迁了，再过几天，出现一个比现在这个更帅的，又扑过去了。如果以这种心态去谈恋爱，永远找不到理想的对象。这样的人婚姻必定是不幸的，因为心猿意马，不懂得珍惜。真正的爱情不是要黏在一起，而是保持适当的距离，更重要的是会关心、照顾对方，而不是在意时捧在手心，失意后便抛诸脑后。可是很多人不懂这个道理，走错了路才后悔叹息。

人之所以觉得新的事物更好，是因为对它还不够了解，只看到了表面，没有看到内在的本质。看清内在本质之后，才能做出正确的取舍。

有的人总是用批判的眼光看待身边的一切人、事、物，看什么都不顺眼，于是便怨天尤人。把自己放到一个悲观的世界里，痛苦的只能是自己。如果用欣赏的眼光来看待世间万物，只会意犹未尽，如何生出抱怨?

我们常说命由自作，有什么样的心境、行为，就会有什么样的人生。一念善即是佛，一念恶即是魔，其中分别，由自己掌握。

认识不到人生真谛的人，生命就会活得很空虚，贪图虚名、没有内涵。攀比只能获得虚荣心的暂时满足，但即使虚荣心得到了满足也不会活得开心，人生也不会圆满，攀无可攀，只能更加痛苦。活得真实、平淡才会安然、充足，名闻利养不过是身外之物，人生需要追求内在的价值。这个世界上有不穿衣服可以存活的人，但是没有脱离身体独自走路的衣服，外在的东西就是这样一件衣服，不能本末倒置。

臧克家先生说："有的人活着，可是他已经死了；有的人死了，他却还活着。"从佛学角度来看，如果一个人做了很多利益众生的事情，他去世很久后人们依然会怀念他，把他当成榜样；可如果一个人活得浑浑噩噩，活着的时候就受人讨厌，死了也就死了，不会被人缅怀。

佛教里讲，有两种人死后没有中阴身，大善的人直接上升为天人，大恶的人直接下到地狱，中间小善小恶的人会有中阴身去转世投胎。一个人即便做不了大善之人，也不能背负着要下地狱的恶名。这样说并不是要大家整日担心死后会不会下地狱，做自己该做的事，认真修行、安心生活，自然会积累福报，自己问心无愧了，何必再去询问鬼神之事？

我们对生活中的一些事情不能释然，是因为愿力还不够，就像走路时有石头挡住了路，力气太小推不动。修智慧和福报便是在修炼自己的气力，有了智慧，推不动就绕过去；练好了腿上功夫，不需要绕也能跨过去。

有些父母，在新闻上看到异地某家幼儿园发生了伤人事件，就焦急万分，赶紧去幼儿园把自己的孩子接回来。

在那么远的地方发生的事故都让他们急成这样，要是真的发生在身边，更是要急死了。如果不是生在今天这个网络时代，换作在古代，可能这些事情永远都无法知道。即便真的发生在自家孩子身上了，着急又能解决得了什么问题？凡事都要有准备，不能临阵才心急火燎乱了阵脚。这样的准备，包括物质上的准备，比如上下学接送孩子，确保他的安全；也包括心理上的戒备，告诉孩子万事小心，提高警惕和防御之心。

生活还是要简单一点、清静一点，网上那些杂乱无章的东西关注得多了，反而会让自己变得心浮气躁、杞人忧天。这其实就是心的攀缘，攀缘外境是对我们身心的污染。对待外面世界的纷纷扰扰，我们要做到了知但不攀缘。就是清清楚楚地知道，但是不把心思放在上面，发生了什么事情，知道就好，没必要为之动情绪。能做到这一点，就是有定力了。

第六章

胖　　福

攀比心理往往会带来痛苦。

第六章　胖 福

我国最原始的汉字是象形文字，根据事物的形态、特征赋予它们相应的文字符号，如大地山川、河流汪洋、草木鸟兽，其字形与原物相对，包含着丰富的文化意蕴。

“福气”的“福”字也是这样，“示”字旁，右半部分上、中、下分别是一横、一口、一田。一个人有了饭吃，有了田种，便有了福，这是古人对幸福的理解。虽然当今社会并不需要人人种田，但是道理是相通的，幸福其实很简单，它对物质并没有多大要求。有房子住，有衣服穿，有一份工作可做，有挚爱的亲朋好友，难道不是有福之人吗？

有人觉得自己没福，觉得自己没有别人过得好、没有别人有钱、没有别人有权、不如别人漂亮、妻子不如别人的贤惠、丈夫不如别人的成功、孩子不如别人的聪明……总之，好东西都跑到别人那里去了，幸运的事都让别人占了，自己什么都没有，对生活非常不满足，认为自己没有多大福气。

攀比心理往往会带来痛苦。暗暗地和比自己强的人做比较，如果没有拼搏的勇气和斗志，无法通过自己的努力达到跟他相同的水平，那么就只能自惭形秽或心生嫉妒了。事实上，你羡慕别人有鞋子，还会有其他人羡慕你有脚。与他人比较只是给自己设置了一个困局，不会带来任何实质性的帮助。

有次我去印度，感触颇深。那里大多数家庭都安置在简易茅棚里，茅棚就搭建在马路边，用几根木头撑起来，里面 5~10 平方米的空间。印度的夏天气温很高，茅棚的卫生条件极差，甚至连洗澡都成问题。茅棚的旁边就是车道，车辆往来会扬起巨大的灰尘，生活在这里的人们无形中变成了吸尘器。

世界上贫困人口还有很多，许多人为了生存每天都要拼尽全力。想到这些人，我们应该反观自己的生活态度，富贵难道比生命更重要吗？生活不愁温饱，家庭温暖温馨，还有什么可抱怨的呢？

故而，想要幸福首先要知足，只有知足少欲之人，才会得福。

其实，所有的不幸福、不快乐都是自己造成的。一念天堂，一念地狱。把心打开，将念头转变，幸福就会接踵而至。

我平时很喜欢写“福”字，有些人把“福”写得长长、扁扁的，我喜欢把它写得圆圆、胖胖的。我们形容人的时候说“心宽体胖”，而“福”字就很像一个胖乎乎的弥勒佛，能写出憨态可掬的样子。

说到心宽体胖，大家如果见到我本人或看到我的照片会发现我长得比较瘦，像我这种瘦瘦长长的类型基本上属于没有福气的。曾经有段时间，我刻意增加自己的饭量，拼命吃、拼命吃，还是没吃胖。外形上没有福相怎么办，就让自己的心变“福”，让自己的心达到一种丰盈的境界，什么事都不计较，勿跟别人过不去，也别跟自己过不去，让心量变大，心大了，事就小了。每天睡好觉，吃好饭，笑脸面对每个人、每件事。心态好，身体就好，做什么都吉祥如意，就是最“有福”的人了。

要变得“有福”实际上很简单，做不到是因为自己执着贪婪，不肯放下，逐物迷己，丧失了自己清净的本性，迷失了自己的方向。

内心丰足的人不会被外物干扰，心量开阔、内心宁静，每天喜乐地面对生活，不执着、不钻牛角尖、不跟自己过不去，随缘不变，不变随缘。平和得像老人、单纯得像婴儿、清澈似流水、悠闲如白云，这样的人，福气不可限量。

轻而清的东西上浮，重而浊的东西下沉。倘若一个人内心是喜乐、清净、柔软、轻安的，自然会被祝福上天堂；反之，倘若心里充满贪婪、污浊、纠结、痛苦、愤怒、嗔恨、恐惧、忧伤，自然会被诅咒下地狱，这是毫无悬念的。一念天堂与一念地狱，正是心灵修为高低之别。

要做一个“有福”的人，就应该向“福”字学习，见“福”思齐，让自己胖胖圆圆、富富态态、心胸开阔，平和、欣悦、喜乐地面对每一天。有福，首先就来自这个“福”字的心态，心态放平、摆正，福气自然就来了。

相由心生，形式是内涵的外在表现。让自己处于和“福”字相同的频率，才能追上“福”的步伐。

平时多想一想自己的起心动念、所作所为是不是与福相应，对自己的思想行为有清醒的认识，找出不足，用心改正。心为福源，它能让福始终存在于当下，始终存在于此刻。

每天，让自己像鲜花一样绽放微笑，保持快乐，如果每天吊着苦瓜脸，一副苦大仇深的样子，时间久了就是一副苦相，自然会与“福”越来越远。

我听说过这样一个故事：一个小女孩在花园里玩耍，发现玫瑰丛中有一只蝴蝶，翅膀缠在刺架上飞不出去，她小心翼翼地将蝴蝶解救出来。突然，蝴蝶变成一位漂亮的仙子，仙子告诉她，自己掌握着世间万物的奥秘，为了报答她的恩情，可以满足她任意一个愿望。小女孩想了想说，我的愿望就是一生幸福快乐。蝴蝶仙子说，这简单，便把秘诀传授给了她。此后小女孩果然一直很快乐，她长大了，喜欢她的人非常多，仰慕她的人非常多，她的笑容甚至成了城市的标志。

直到有一天，她老了，临终前别人问她一生保持快乐的秘诀，她告诉大家，当初蝴蝶仙子传授给她的秘诀就是不断帮助身边的每一个人。

帮助他人就能收获快乐，道理就这么简单，每个人都懂得，但是仅仅懂得却做不到，便无法起到任何实质性的作用。

鸟窠禅师说："连三岁小孩都知道'诸恶莫作，众善奉行'，可八十岁老翁却未必能做到。"做不到就是一个凡夫俗子，能做到就是圣贤之人。若想做到就要不断修行，不断去践行快乐之道，快乐才会到来。

不修行，内心便充满了分别、取舍、贪执、以自我为中心，于是我执、我爱、我见、我慢都跟着来了。修行可以帮助我们放下"自己"，当一个人不再自我，无条件地为他人付出的时候，福气才会涌回自身。

除了修心、助人，还可以祈福，让自己沐浴在“福”的氛围里，让“福”的气场包裹整个身心，从内到外加持“福”的能量。

上香是祈福的一种重要方式，上香并不是迷信，当手中拿香，虔诚地放在两眉之间，鞠躬、再鞠躬、三鞠躬，心中默念，祈求天地神灵帮助自己达成心愿，此时，人、身、心是合一的。其实，两眉之间的区域非常敏感，俗称“天眼”，用香碰碰这个地方，会给自己一份信念、一个暗示、一种力量，然后，全身心聚焦并完成自己所想所愿，无论做什么，有了这样一种信念的支撑，自然会得到好的结果。上香是在给自己的心念以加持，极其恭敬、虔诚、身心合一地上香和随随便便上香效果是截然不同的。

观想是另一种形式。站在能看到天地的地方，想自己身边有很多护法神、善神，他们生发的强大之光，灌进自己的头顶，使整个身心得到净化，正能量充盈，负能量消失。再把自己的正能量散发出去，弥漫在天地宇宙之间，和它们连成一片。

每天早晨起来也可以用五分钟时间做一个祈福的冥想。冥想，首先也是建立在信的基础上，这里的信并非迷信，而是人的精神给予自我的一种信念和力量。

祈福，是让自己身心聚焦在一个点，跟天地相应，达到天人合一的境界，此时，天、地、人三才是并列的，人是其中之一，所以，人可以参赞天地，这时候便很容易从天地宇宙中得到能量的补充。闭上眼睛，深深吸一口气，慢慢忘掉自己，让个体融入到宇宙的大能量之中，融入到浩瀚的大海之中。

佛教里面有个六字大明咒，大家都知道，《西游记》里佛祖镇压孙悟空的五行山，就贴了个法帖，上书六字大明咒：唵嘛呢叭咪吽。

念这句咒便是在祈福，声音通过声带不断传递出去，像光、像电波一样产生能量，同时也能将正能量吸引到自己身上，让负能量消失，让自己变得纯净、身心一体。

除了祈福，在生活中更要学会“惜福”。惜福的人才会享福，不然，再多的福报也会被消耗掉。不断往银行存钱，这样就用不完，挣一块花两块，钱永远不够花。惜福，便是把福报存入银行。存钱的时候，心是安定的，安全感会增加，遇到紧急的情况可以解燃眉之急，如果肆意挥霍，在真正遇到困难的时候，只会令自己陷入困局。

惜福，就要珍惜衣、食、住、行各个方面的福分。把零钱慢慢存入银行，时间长了，最终的数字也会令你震惊。

不浪费，不仅是在惜福，更是在保护地球的资源。很多人在剩菜剩饭这个问题上一直没有给予足够的重视，养成铺张浪费的习惯还不以为然，福气就在这一汤一菜中白白流失了。

很多人爱逛市场，看这个东西好，那个东西也好，本来不打算买，结果意外买回来一大堆。还有一些人是因为攀比，别人的衣服好，自己看到了也要买一件，或者买个更好地把对方这个比下去。本来没有必要买，结果因为攀比、跟风，常常造成额外的花费。

浪费，不仅消耗了资源，更是在消耗自己的福报。全球有无数家服装厂在日夜生产，其实，目前的人口根本穿不了这么多衣服。除了贫困地区有人在衣食上尚有欠缺，大部分人都不会缺衣服穿，甚至很多衣服都是穿一两次就扔掉了，再买新的。

我有位朋友，她的家很大，鞋子放一个房间，衣服放一个房间，帽子放一个房间，手表有十几只。每次出门前她都为怎样穿着搭配而苦恼，这样穿着在镜子前转一转，那样穿着在镜子前扭一扭，不知如何选择，经常要折腾几个小时才能出门，把自己搞得疲惫不堪。何苦来哉！

人活得简单才舒服。

我在普陀山教书时只有两套样式相同的衣服，穿了整整九年。消费得少，无形中省下的东西便布施出去了。物质的总量是守恒的，你用得少，别人就有了更多获取资源的机会，宣化上人年轻时候就是通过这样的方法进行布施。不仅穿衣，吃饭亦是如此，一天有三顿饭，如果你只吃两顿，一顿就等于布施出去了。

我有套衣服，从中国穿到尼泊尔，从尼泊尔穿到印度，从印度穿到马来西亚，再从马来西亚穿回中国。有人可能觉得会太脏，其实不会，我晚上在酒店洗完晾干，第二天便可以再穿。我每次出远门，都只穿一套衣服、带一个包，轻装上阵，无所牵挂，非常轻松。

学会简单生活其实也是一种修行。

因为简单，所以能放下；因为简单，所以朴素；因为简单，所以不贪；因为简单，所以清净；因为简单，所以喜乐。

简单地生活、简单地工作、简单地处世。烦恼少了、心灵清静了、身体安逸了、福气自然就来了。

第七章

舍　我

如果凡事只考虑自己的利益，就会被蒙蔽双眼，不但想要的东西得不到，反而会失去更多。

古人云“死生亦大矣”，的确，生与死是每个人都要经历、面对的大问题。生命总会结束，畏惧或抵抗死亡都可笑而徒劳。也正因生命终将走向末路，在生命过程中，才应该多做有意义的事，去探索真理，提高生命的质量，消除妄想、执着，最终超越生死。

经历过战争的人，往往对生死都会有一种坦然的态度，因为生死的事见得多了，对生命的实相已经看透。一个从来没有经历过生离死别的人不会懂生命的意义，也不会懂得珍惜生命中的点点滴滴。

虽然知道死亡不可避免，但是人们仍然想追求长寿，无论是神话传说、历史逸闻还是现实生活中，追求长命百岁的事例不胜枚举。追求长寿是在乎生死的表现，真正长寿的人通常都有一个特点，即能放得下自己的身体，不害怕死亡。

得了癌症，整天心惊胆战反而会过早地耗尽生命，坦然接受、积极面对或许能够转危为安。人勇敢起来甚至连死神都会感到害怕，乐观的心态、顽强的意志能够帮助人们战胜病魔，在危险中转舵，恢复健康。

如果凡事只考虑自己的利益，就会被蒙蔽双眼，不但想要的东西得不到，反而会失去更多。如果什么都不计较了，把自己所有的一切都舍掉了，往往会收获更大的回报。那些事业做得风生水起的人，通常都不会只考虑自己的得失，而是站在社会的高度，去服务社会，做利益众生的事情。凡事都为别人考虑，就会处处得到别人的帮助和支持，人脉关系也因此打开，企业的发展道路就会走得顺畅。没有了“我”，便可以得到整个世界。

生命是短暂的，如果能悟透生命的实相，就能在有限的生命里创造出无限的可能。正如泰戈尔所说，“生如夏花之绚烂，死如秋叶之静美”，人生就要有这样一种从容。活着的时候，就让自己活得尽可能灿烂，死去的时候，也没有什么可遗憾、可留恋的，生是美好的，死又何尝不是?

生命就像一支蜡烛，烛光柔美，照亮黑暗，给人以光明和希望。生时尽情地燃烧，蜡尽时，便可从容地熄灭。

生命需要经营，只要投入全部身心，任何人都可以创造出奇迹。如果能够把一天的规划精细到每一分、每一秒，甚至每一个刹那，那么一天也就如同一生。每一天都过好了，一辈子的时间就相当于走过了无数个生生世世；如果真能这样面对人生，哪里还会嫌生命短暂呢？每天无所事事地浪费时间，拥有再长的生命也是没有意义的。

每一天都是美好的一天，每一个刹那都是崭新的刹那，过去的不必贪恋，未来的无须憧憬，把心安住于当下，过好每一个自己能够真正把握的瞬间。

有些人太过追求完美，对自己的生活更是高标准、严要求，随便一点瑕疵就接受不了。世间没有绝对完美的事物，有瑕疵才是真实的生活。生活的艺术不在于规避瑕疵，而在于用智慧去转化瑕疵。一个个子矮的人，如果一直纠结于自己的身高，其他长处也就难以发挥了。对于自己改变不了的事实，只能接受它，从其他方面去完善自己，当生命散发出光芒的时候，身高、相貌这些短板便不再是障碍。

第八章

醒　来

懂得如何布施的人，才是真正的智者。

第八章　醒来

从生到死有多远，呼吸之间；从迷到悟有多远，一念之间；从爱到恨有多远，无常之间；从古到今有多远，谈笑之间……这首《醒来》的歌词与《四十二章经》中的教义异曲同工，一念起，一念灭。自己身处“迷”的此岸，还是在“悟”的彼岸，就在一念之间。

倘若我们从生死、迷茫中醒来，达到涅槃自在的彼岸，这中间飞跃的过程即是“度”，而醒来的过程，也是“度”的过程。

“六度”修行是佛教中最基本的修行方法，也许大家有所了解，但对于它的深刻内涵，未必有多深的体会。

“纸上得来终觉浅，绝知此事要躬行”，仅仅读佛经、听课是不够的，要自己去实践、去领悟。

从普陀山出来的这些年，我在风风雨雨中摸爬滚打，在红尘中裹着一身青衫，渐渐地品出一番滋味，有了一点感悟，反观自照，佛法的博大精深真的不能以指测河，慢慢地，对佛法中“六度”的体悟便更加深刻。

“六度”是指布施、持戒、忍辱、精进、禅定、智慧，是从烦恼到喜乐，从纷扰到清净，从黑暗到光明，从生死到涅槃的方法。

度的第一步便是“醒来”。从红尘中觉醒，于此娑婆世界时刻观照自己。佛经上讲五戒、十善，实际是在告诉我们修世间法的方法。但修世间法不是目的，修行的目的在于出世间，“佛法在世间，不离世间觉”，世间法是出世间法的基础，如果把世间法比喻成房屋的地基，出世间法则是高耸入云的亭台楼阁，为地面以上的部分。两者连成一个整体，一加一仍是一，却是大于二的。

一个傻子看见别人家的三层楼房漂亮，就央求他的财主父亲也盖个三层楼。他父亲从第一层楼开始盖，他急着说，我只要第三层，你盖下面两层做什么？如果学习佛学想要走捷径一步登天，便是在像这个傻子一样妄图盖空中楼阁，定然无法实现。

佛法的智慧就在于怎样从世间法修出世间法，怎样通过出世间法反省世间法。有人总结说，儒是入世，道是出世，而禅是入世加出世，以出世之心入世，诚然如是。

在生活中时刻保持一份觉知，就是禅的状态。保持一份觉知，就不会迷失自己；保持一份觉知，就不会无所适从；保持一份觉知，就不会诚惶诚恐；保持一份觉知，就能进退自如；保持一份觉知，就会不失初心；保持一份觉知，就能活在当下。

工作不如意、事业不顺遂、人际关系不和谐、家庭不美满，首先要反省自己，肯定是自己长久以来失去了那份觉知，陷入迷途的泥沼之中不能自拔。一念迷，佛是凡夫；一念悟，凡夫是佛。修行就是一念之间的转迷为悟，转换是修行的秘诀之所在，没有转换就没有修行。

僧人法达曾读《法华经》三千多遍，他没有转动法华妙义，却被法华转，最后，他还是他，经还是经，没有开悟。在生活中要善于转念，路途寂寞了，心可以热闹；环境嘈杂了，灵魂可以宁静；人老了，精神可以年轻；物质贫乏了，心灵可以富有。一念起天涯咫尺，一念消咫尺天涯。只要善于转念，眼前就是一片光明，世界就会海阔天空，人生就能通达无碍。这种转换要求我们从当下醒来，去觉知、去感悟。

一心具足十法界。十法界，本来差别悬殊，然而究其根本只是心性的显现，只要心中的念头一转，便可以自由跳跃到任何空间。一切皆是“唯心所现，唯识所变”，心外无物，物外无心，心即物，物即心，心物不二。

六度修行，就是六种改变我们心的方法。心改变了，一切都改变了。凡人心随物转，圣人以心转物，凡圣之间，区别就在于此。

看到一只为生活碌碌奔忙的蚂蚁，不忍心打扰它；看到树上怡然鸣叫的小鸟，不忍心驱赶它；看到陷入苦难中的众生，不忍心不伸出悲悯之手，这些都是慈悲心的自然显现。众生即我，我即众生；众生乐即我乐，众生苦即我苦，我与众生本无差别。

不再执着“我”和“你”，“我”与“你”一体，与万物一体。当然，这样的境界并非一日可以达到，因而需要不断修行。

在我很小的时候，就喜欢读《观世音菩萨普门品》，其中那句“应以何身得度者，即现何身而为说法”深深地打动了我。观世音菩萨为了度化众生，根据不同人的相应特点，示现出各种各样的身份。每个人都有自己的频道，她便努力与每个人的频道相合。观世音菩萨为一个大智慧者，做到了应机说法。

如果把自己的人生当作一个利他的过程，慢慢就会变成观世音菩萨的化身。人生的完美境界，就来自感恩之心、布施之心和利他之心。

有次，我到秦皇岛去讲课，主办方给我一万元课时费，我布施给秦皇岛佛教协会去印经，之后，我又去另一个地方讲课，收到两万元的课时费，我把这笔钱也捐掉了。也正是因为我的布施，无论走到哪里都不必为钱担心，我们布施给别人，自然会有其他人的善心来布施给我们。只要布施，绝对不会贫穷。布施为因，是种子，你撒下很多种子，当然会有收获。

“半文为满，千文为半”，布施不在于金钱的多寡，而在于内心的诚意和情怀。一个贫苦的农妇捐了半文钱，她的功德和福报超过了一个随随便便捐了千文钱但并未用心布施的富豪。

除了钱财布施以外，还有法布施和无畏布施。那些总说自己贫穷而无法布施的人其实是在找借口，真正愿意布施的人随时随地都可以布施。在生活中，一言一行都可以作为对他人的布施，福报也会从这些点滴之处得到积累。

布施可以破除我执。吝啬之人是没有布施之心的，想要布施，首先要放下贪欲，放下对他人的不信任，内心生起慈悲与怜悯。如此一来，整个人都会发生改变，人际关系得到改善，与他人相处越来越和谐，生活越来越幸福。

懂得如何布施的人，才是真正的智者。

第九章

如何逍遥

要想成功，需要朋友；要想取得大成功，需要敌人。

第九章　如何逍遥

唐代著名高僧拾得说：“无嗔即是戒，心净即出家。”内心清净无染、清凉安住，始终保持如一的状态，就算没出家也等于出了家。相反，内心烦恼不断，习气严重，即使出家，身着袈裟，也等于在红尘中滚打，没有丝毫用处。任何的外在形式都不能改变事物的本质，而我们心中所呈现出来的状态就是我们的本质。

有人认为忍辱就是任凭他人对自己进行诋毁和侮辱，即使心中怒火燃烧依旧笑脸相迎。忍辱并不是这样一种消极得有些过分的状态，不是硬生生忍受侮辱，而是不接受对方的侮辱，就像水流下来，打开一个通道让它流走就不会积存水洼一样，把心打开一条通道，不让他人的态度和情绪聚集在自己心里，流走之后便什么都没有了。

修为到一种超然的态度，也就“忍无可忍”了，即不需要再去刻意控制自己的情绪，刻意去忍受什么。既然无忍而忍，你对待任何事物心就十分淡然，丝毫不会因为外界的风吹草动而心起波澜，这样的“忍”，才是忍辱的最高境界。

一个真正能忍辱的人，一定能站在宇宙成住坏空的高度去看待人的一期生命。解脱了、超然了、放下了，便不会为鸡零狗碎、鸡毛蒜皮的事耗费精力，不会为一切短暂的因缘和合而执着，深味了苦空无常的本义，人在红尘，心在净土，此时心亦是出离的。

要想成功，需要朋友；要想取得大成功，需要敌人。敌人是什么？乃是你的逆增上缘。这个人打击你、折磨你，一直和你作对，要忍受他的敌意，将他看作是对自己的锻炼，用来修炼你的意志。转化自己的思维方式才能始终保持平和的心态，才能将他人的敌意转化为自己的功德。

修行本来就在生活中，不要用蛮干的方法与身边的人对抗，不论他用什么刀枪剑戟，你都要接受。有人惊异，这样自己不就伤痕累累成了筛子吗？不会的，你把自己放空，把自己当作空气，他能伤害到你吗？

老子说“欲将取之，必先予之”，《易经》中也讲到“舍得”的概念，有舍才有得，有付出才有回报，因此要学会吃亏，吃亏得福。能吃亏的都是有福报的人，吃大亏得大福，吃小亏得小福，不吃亏没有福。别人打你一拳，你打他一拳，他踢你一脚，你还他一脚，这样“礼尚往来”丝毫不肯吃亏的人，怎么能积德修福？德土太薄，就承载不了大福报。

在这个世界上没有什么可以让你过不去，是你自己不肯过去，自己给自己障碍、自己给自己难受、自己给自己伤害。所以自我才是最大的敌人，修行的意义就是要“化敌为友”，把敌对力量转化过来与自己同一个阵营、一个方向，这样就非常强大了。

修行的关键是实际行动。我经常跟皈依的弟子们说，修行不在于诵了多少经，拜了多少佛，懂多少名相，而在于自己的心态、行为、思想发生改变。

“见己不是，万善之门；见人不是，诸恶之根。”这一反一正，即是修行的内涵，这样“反正”之后才能知道“正反”，知道物理人伦，知道世道人心存在的规律。

每天尽可能做一些善事，哪怕是对别人微笑，在公交车上给人让座，把垃圾袋捡起来……其实这些琐碎小事都有无量的意义。

当你尝试着去做利他之事时，福报自然如涓涓细流，越聚越多。当你把行善当作一种习惯，连龙天护法都跟着你，运气肯定会越来越好。

生活、工作中总会有领导，领导怎样形成的？一个人帮助的人越多，惠泽的人越众，就会受越多的人爱戴拥护，渐渐地便有了领导众人的能力。假若没有利他之心、爱人之心，没有修为与智慧，是不可能具备领袖风范的。

做了领导并不代表就是完美的人了，如果拥有权力之后被权柄和金钱腐化，经不住诱惑，这是没有精进的表现。

很多领导都十分贪恋自己的地位和官职。走到哪里都被众人捧着，被鲜花、掌声包围，阿谀奉承不断，这种舒服的感觉让身居高位的人不想下来，甚至想爬得更高。于是，为了把位子做稳，为了保住自己的地位和面子，便千方百计使用手段、伎俩在台上多赖一会儿。这样的邪念一起，最终的结果便是酿成大错，甚至身败名裂。如果一直保持内心的清正和行为的廉洁，不断精进自己的思想境界，便会越来越受众人敬佩、景仰、爱戴。

人由于累劫的习气熏染，对财色名利有着天然的喜好与趋同，这种喜好如影随形，很难摆脱。尘世是一个大染缸，每天浸泡在里面，迟早会面目全非。因而，我们要时时保持一颗警觉之心，观照自己的言行，不被习气烦恼所累，不被尘世污浊所染。这即是精进的表现。

独一静处，专精思维，这就是禅定。

苹果手机的缔造者乔布斯就是资深禅修人士，他的禅学思维深深影响了苹果手机品牌的创意、革新。禅修已经成为风靡世界的运动，在美国很多公共场所设有禅修馆。

如果你稍微了解禅修，会发现这个“市场”非常大，有太多人渴望禅修，有太多人需要指导，倘若做这一行，只要稍微努力，就可以找到用武之地，当然，这是就谋生和潮流而言，我们进行禅修，首先应该净化自己的心灵。

禅修的益处，几句话难以说完，只有实践了才能知道。现代人普遍心浮气躁，如果大家每天能禅修一刻钟，相信人与人之间的关系乃至社会风气便都能有效改变。

每天面对墙壁坐上一二十分钟，观照自己，过滤身心，让内心回归湛然寂静。日累月积，生命的能量在增加，主宰自己的能力在提升。在这个过程中你会发现，之前的烦恼和疲惫都消失了，你变得更喜乐、轻安，吃饭更香、睡觉更甜，并且还会有更多意想不到的收获。

禅修在本质上是在寻找自性。大多数人已经将自己遗失得太久太久，需要逆流而上，回到清净的源头，把一颗污染到斑驳陆离、面目全非的心，洗涤得晶莹明亮，重新焕发出光彩。

守住清净的本心，眼中看到的就是清新宜人的世界，感受到的便是无比清凉的天然空性。那种喜乐如灵泉，从内心深处汩汩涌现，带来无限清凉。

要接引众生，就要尽可能了解娑婆世界每个区域中人的生存状态，所以不能不了解西方文化。而要了解西方文化，不能不了解《圣经》。《圣经》里面讲到，一个人要真正进入“神”的境界，便要处于处子的状态。处子的状态正如佛教里讲的清净法身，清净法身佛的面容和眼神就像刚出生的婴儿。

思想是没有界限、没有藩篱、没有隔阂的，所有的隔阂都由人为造成，是在自己把自己禁锢起来。

佛教最讲究包容，佛陀在世的时候就曾向很多外道学习过，最后才成就了“无上正等正觉”，向外道学习也是他自我成就的一部分。作为佛学弟子，我们的心胸就要像宇宙一样宽广，像大海一样深邃，像虚空一样包容。没有什么不能接受，就没有什么可以成为障碍，更不会被任何一个人打击。

佛弟子要努力做一个有智慧的人，将自己融入芸芸众生，这样大悲心才能生发，出离心才能生起。具备了这些便能更好地修行，更好地度化众生，拥有了慈悲与智慧才能够做到悲智双运。

包容之心不仅指慈悲，还指对世界、对万物、对自己的接纳，一切顺其自然，不执着、不强求，看得淡、放得下。近几年香海禅寺在建设的过程中碰到了资金压力，但我每次去讲课，从来没有说过我们需要钱，也从来没有化过缘。因为我相信一切事情成功与否都有它的因缘，我这一生能做多少事，就尽量去做，做不到的，不可强求。我到了普陀山宝陀讲寺时，觉得自己将寺院建得再好，也不可能达到如此富丽堂皇。因缘不具足，仅仅发心是不够的。因此，我便不纠结这些，在现有硬件的基础上多做文化，去办禅修班、讲课、弘法……

佛弟子应是看透世间名闻利养，不被物欲、名位、情感染污的一群人，放得下名利心、是非心、得失心、执着心，因为知道宇宙人生的般若实相究竟空、无所有、不可得，便可做到将自己抽身其外，心境与思想都能达到出离超脱。

放下不等于放弃，顺其自然也不是无所作为，既入世亦出世，在入世中出世是佛弟子应该体现出的精神，没有这种精神，就不可能真正掌握佛法的精髓，也不可能成为人天师表，更不可能弘法利生。

一个出家人，就要放得下生死，放得下一切。放下，眼界才会高远，心才会超然万物。这世上真正的逍遥人应该是出家人。

第十章

空　观

思维体现着一个人的学识、能力，转变思维方式是提升能力的开始。

第十章　空 观

一个人的思维方式就是这个人灵魂的经纬，因此，人在某种程度上是自己思维方式的呈现。

诚然，伟人有伟人的思维、庸人有庸人的思维、君子有君子的思维、小人有小人的思维。我们熟悉的一些商业奇才，诸如马云、李嘉诚、乔布斯、比尔·盖茨，等等，他们事业的极大成功，当然与他们与众不同、独具一格的思维方式有关。

事业上如此，生活上更是如此。为什么有的人每天总是乐呵呵的，有的人却整天愁眉苦脸、长吁短叹？难道仅仅因为他们的性格和境遇不同吗？未必如此，更大的原因是他们的思维方式不同，考虑问题的角度不同，看问题的方式不同。

乐观者看到这个世界是绿灯，悲观者看到这个世界是红灯，而真正的智者，却是一个色盲。为什么智者反而是色盲？因为这世界本来是不喜也不悲的，之所以会“乐观”或“悲观”，是因为“观”的不同，而真正的智者有着佛学里所讲的“空观”，本来无一物，根本没有任何颜色的区别，故而是“色盲”。

当然，多数人在生活中还未达到这种境界，大家都太执着于外相，一旦着相便不免受到相的浸染，不再是“空”了。有的人之所以一生能够顺风顺水，事业发展顺遂，是因为他们处世行事的思维非常通达，处理事情非常灵活机变；有的人则墨守成规，容易给自己和别人造成障碍。对比两者，前者自然更容易成功。

有的人发表观点、言论时不知所云，云里雾里，讲了半天不得要领，而有的人则言简意赅、一语中的，显然，陈述同一个观点，后者的说服力肯定会比前者强。

语言可以体现出人的思维，思维是混乱的，那么讲话也不会有条理。

思维体现着一个人的学识、能力，转变思维方式是提升能力的开始。

这个社会就像一台大机器，每个人都是这台大机器众多齿轮上的一个齿。人不能孤立地生存，若想实现自己的人生价值，就要把自己与集体、社会、国家、世界联系起来，想一想自己的存在怎样才能够帮助整台机器进行正常高效的运转。若你是一个重要的零件，那么社会对你的需求就会非常大，此时你的个人价值也就得以显现。反之，如果你跟这个社会格格不入，把自己与整个世界隔阂开来，只能被抛弃，成为废旧零件中发霉生锈的一个。

有人抱怨企业做不好、员工留不住、市场打不开，这些问题如果不去深究原因，不去寻求解决之道，就永远是摆在面前的问题。员工能否认同企业的文化？客户能否满意企业的产品？自己的经营方式有没有问题？把思维拓宽，究本正源，才能找到解决问题的办法。

打开思维的一种方法便是禅修。关于禅修的原因、意义、方法我已经提过很多遍，也许有读者开始怀疑我在搞推销了。如果大家认为我是搞推销的也正确，因为我推销的是世间最有利于世道人心的一种活法和思维方式。

禅修，是让自己静下来，在清明的状态中面对自己、反省自己、审查自己，从而不断地蜕变自己、超越自己，实现羽化成蝶的飞翔。

在佛学中，禅定是非常重要的概念，禅是离不开定的，无定不成禅。禅定是指“心一境性”，就是让混乱的思绪平静下来，外禅内定，专注一境。正因为能够定下来，才有能力进行反观自照，看清自我。

有一个做霓虹灯管的企业，生意很好，在国内也很有影响力，但发展多年抓着最初的产品不放，不知道更新换代，结果就被淘汰了。如果能在霓虹灯生意还好的时候，就想到LED（发光二极管）灯或者是一些更新型的灯具，先把自己的产品淘汰掉，那么，也许他就不会在行业发展后被社会淘汰了。只有不断进行自我淘汰和自我发展，才能屹立不倒。

一种思维方式往往在开始阶段是崭新的，但时过境迁，终归要被抛进历史的垃圾箱。聪明者目光长远，永远能站在最前端看待问题，所以他会亲手把旧的思想观念送进垃圾箱，而不是在清货时才被迫下架。

战国末期思想家荀子到稷下读书的时候，是一个穷小子，相貌也不俊美，老师不愿意提他，同学不愿意和他玩，他只能埋下头来一门心思读书。几年下来，在一次辩论中他竟然力挫群雄、独占鳌头，这时，同学们都开始拉拢他、称颂他、巴结他，他也始终不为所动。这个一开始最不起眼的人最后成了一代大儒，自立门户，学识承袭儒家又兼容法家，并涉及墨家，三者合一、青出于蓝，最终独成一派、辉古耀今。

一个真正有思想的人不会把自己固定在某一个状态里面，他会把思想不断打开，只要是对自己有益的，就像海绵一样吸水，就像每天吃饭一样，青菜、萝卜、米饭、馒头全部吃进去，吸收营养、排掉渣滓。如果用这种态度生活，每天就都在成长，都在更新。一棵树在成长的过程中，上面要吸收阳光，下面的根要扎得很深以吸收水分，这样树才能长势参天，反之，则只能面临枯萎死亡。

人也是这样，当不能再吸收新的学识和新的思想时，便是人生衰败的开始。据说克林顿当美国总统的时候，在一个风雪交加的晚上拜访一位八十多岁的老法官，发现他还戴着眼镜拿一本书很认真地阅读，就吃惊地问他："这么晚了，你还在读什么呢？"法官说："我在学习拉丁语。"众所周知，那位法官已经懂十几门语言了，他在八十多岁还在学一门新的语言，其学识、思想、心态可想而知。学无止境，正因为无止境，才要不断去学习。

反观自己，你或者你的父母是否五十多岁就经常说自己老了，要含饴弄孙了，觉得再学习也没有用武之地，再提追求便不合时宜，认为这些都是年轻人的事？其实这些想法都只不过是自己的借口罢了，是懒散懈怠的托词。但凡成就杰出之人，都是活到老学到老的。自己不愿努力，便倚老卖老，拿年龄当挡箭牌，如何担当重任，拥有大气量、大胸襟？

思维需要不断根据社会的进步、学识的新增进行相应调整，如此才能挽住发展之脉。

我们学习，是在学前人的思维方式和智慧，把他们的经验借鉴过来，融会贯通、为我所用。

“学我者死，似我者生”，那些死读书的人，把自己读死了，刻舟求剑般照搬，胶柱鼓瑟般模仿，最终用别人的绳子捆住了自己。而“似我者生”这个“似”就是学习，就是部分地学习、汲取、融合，再进行新的创造，再创造的过程便是突破思维的过程。

在这里，我给大家推荐三本书：《道德经》《孙子兵法》《金刚经》。《金刚经》太高深，最好用《道德经》做铺垫，否则很难能理解它的空性思想。

一定要把自己的思维局限打破，打破执着、占有、不舍。人们常说“舍得”，实际上“舍得”两个字记住一个就够了，即“舍”，无尽地舍，没有任何条件地舍。《金刚经》里面讲到“三轮体空”，其实就是要没有任何期待地布施，把世间所有的名闻利养都忘掉。

很多时候事情做不好，是因为自己期待太多，即被“我执”障碍。心若是无尽的虚空，会发挥其本来“能生万法”的效用，这时候是以一变应万变，怎么会不成功呢?

禅宗里有一则笑话，一个卖豆腐的人，早上挑了一担豆腐送到庙里，送过后没有事，发现师父都到禅堂去打坐，他就跟着坐到后面。一炷香下来，他跑出来跟师父讲，这个打坐真好啊，我把十几年前某人欠我五文钱的事都想起来了！

打坐的时候整个人是沉静的。一杯水静下来，才能看清底部的沉淀，人也一样，成为一杯清水的时候，脑子是清楚的，思维便十分敏锐、灵活、通透。

打坐必须先由入静开始，到寂静，到忘我之境，从“身空”“心空”继而进入到虚空的法界。当我们把自己完全放空的时候，才能契入禅坐三昧。此时，身心决然无碍，自由如风，因为已经忘掉了身心，没有了身心。

无身心是一种怎样的状态？孔令辉发球的时候，简单地把球抛起来，乒乓球拍看似很随意地拍出去。其实这个动作就像武侠里的“无招”，不遵循任何既定的套路，出手后便可以随心所欲化出千百种招式，让对手措手不及。这即是以“无”胜“有”的思想。

《金刚经》中“空”的思想就是这样，要求我们时刻把内心的所有执着和妄念都忘掉。

大约在五代以后，江浙一带的寺院中开始出现笑口弥勒佛的塑像，至今，在很多寺院中人们依然能看到一个胖胖的弥勒佛，旁边的对联写着：笑口常开，笑天下可笑之人；大肚能容，容天下难容之事。这副对联的核心实际上只有两个字，“笑”与“容”，能容的人就能笑出来，能笑的人肯定也有一颗包容之心。

假如每天斤斤计较，心情肯定很痛苦，痛苦的人能笑出来吗？当心像无尽虚空般开阔的时候，什么都能容下，万物都可以在里面生长。看看我们这个世界，有参天大树、有荆棘丛生、有漫漫荒草、有草长莺飞、有虫爬鱼跃、五光十色、光怪陆离。天无不覆，地无不载，人是自然之子，应该像大自然学习那种豁达仁厚的精神。

再坏的人也有优点，只要把他放在合适的位置上，就能发挥作用。战国四君子之一孟尝君门下就有很多鸡鸣狗盗之徒，但这些人却为他办成了大事。由此可见，世上并无不可用之人，就像天下没有一个不可教的学生，只是老师教错了方法。

包容他人的不足和缺点是与之为善的前提。心空阔，包容便容易，与人相处也很简单。因此，“性空”是每个人需要修炼的课业。

第十一章

回　归

人的欲望就像绳索，贪念越多，对自己的捆绑束缚就越多，因此，追求得越多反而越痛苦。

第十一章 回 归

单纯学习佛学理论知识并不能把佛法博大精深的般若智慧都装进人的大脑，还需要相应的方法以及自身的福报，就像《西游记》中万寿山五庄观的人参果，遇金而落、遇木而枯、遇水而化、遇火而焦、遇土而入……般若，有时如水中月、镜中花，可见而不可得。

一切因缘和合的法都是相，所有的相都是虚妄的。水在安静的时候，其中的沉淀物最多；在清澈的时候，其中的倒影和漂浮物是最清晰的。人的精神也是这样，当我们凝神静气的时候，思维才会异常敏锐清晰，此时对于佛法的理解也会因心无杂念而得以加深。

我们的身体也是因缘和合的集合体，有骨骼、毛发、血肉、器官。每一个人，从出生到孩童，再到少年、青年、中年、老年，最后到垂暮将死，要经历近百年的时光，身体每一分每一秒都在发生变化，今天的你不是昨天的你，明天的你也不是今天的你。那究竟哪一个是你呢？前一刹那是你吗？不是，因为它已经过去了。下一刹那是你吗？不是，因为它还没有到来。

世间一切事物都处在不断流动和变化之中，只不过有些微小、缓慢地变化我们注意不到罢了。一间屋子，我们今天看是这个样子，明天看还是这个样子，可是十年、一百年之后再看，还是这个样子吗？

事物的发展总是由生到死，由盛到衰，只是时间长短不同而已。有的动物早上出生，晚上就死掉了；有的动物春天出现，夏天就消逝了。人生也是一个由年轻到衰老的过程，我们现在经历过的很多事情，父辈、祖父辈们都经历过，他们的现在就是我们的将来。世间万物都在瞬息万变之中，生物、地球、宇宙空间都在变。今天生病，明天也许痊愈；今天健康，明天未必健康。

凡所有相，皆是虚妄。真正领悟这句经文的精髓，心就会随之豁然开朗。心改变了，视角便会不同，对世间万物的理解就会相应发生变化。与其期待世界改变，不如重新塑造自己的心。

心改变了，智慧会相随而至，就像站在岸边去看大海，站在高山上去看万里山河，站在沙漠中去看广袤的土地，心中会不自觉地升腾起豪迈雄壮的情怀。此时，生活中那些琐碎的小事还会对自己造成困扰和羁绊吗？

人的欲望就像绳索，贪念越多，对自己的捆绑束缚就越多，因此，追求得越多反而越痛苦。我们要带着心平气和的态度去生活，而非急功近利、懒散拖沓。比如，大家现在正在读这本《时间疗愈课》，倘若觉得不舒服就想要快点看完，这样就会囫囵吞枣，书里究竟讲的是什么也就不得而知了。

人容易处在一种“少了不够，过犹不及”的矛盾之中，国人讲究中庸，西方人讲究搭配、平衡，其实都是在阐明同一个道理。

想要身体健康，就要把握生活的平衡，适当工作、适当休息，不过度贪恋某一方面的喜好，让举止尽可能趋于中道，这样生活才会更加幸福。人的痛苦源于不平衡，一旦平衡被打破，业障就来了。生活中有所为，也要有所不为，一个人不可能把天底下所有事情都做尽，也不可能把所有好事都占为己有。成为大人物，就失去了小人物的洒脱；做回小人物，就失去了大人物的光环。得失是客观的，但是对得失的认识却取决于自己，懂得因缘和合的有相之法，就会从“失”中总结出“得”，反之，则只能从“得”中纠结于“失”。

看破生命中的一切相，接受它并且不被它左右，最终才能超越表相，看到本质。

凝神想象的同时，还要时刻观照自己。看清自己当下的状态，将心安顿在此时此刻，过去的不要去感伤，未来的不要去痴想。

人生最大的快乐就是有一颗活在当下之心。站在讲台上时，专心感受讲课的乐趣；吃饭时，专心感受饭菜的香味。将生活中那些栩栩如生的色、香、味都映射到脑海中，你就会收获一种美好生活的状态。生活中所有的不和谐都由我们的起心动念吸引过来，用接纳、欣赏的态度来表达对世界的感恩，生活中才会遍布风景。

佛法的学习在于探索，不仅要探索义理，更要根据义理探索自己的内心和人生。探索内心的过程就是重塑内心的过程，抛弃原有的繁杂之念，让心回归简单澄澈的状态。

人应该避免傲慢之心，在佛学中，傲慢之心亦被称为贡己之心。拜佛，就在于放下贡己之心，培养起谦和之心。以这样的角度来看，拜人、拜木头、拜石头与拜佛没有区别，关键在于在拜的时候，要把那颗高高在上的心放下来，让自己回归到最低点，再来观察这个世界。受到整个世间赞叹，不会以之为高；受到整个世间诋毁，不会以之为卑。倘若心能做到任凭风雨飘摇而毅然不动，便是达到无相境界了。

打破我执、我贪、我痴、我慢及一切相，才能建立全新的自己，这就是禅宗里面讲的“不破不立”的道理。

我们看待事物时，通常会有一个从肯定到否定再到肯定的过程，经过这个过程后，心性才会有所改变，对世界的看法也会因之不同，这个理论在马克思主义哲学中被称为“否定之否定”。

一位从事民族历史文化研究的教授曾经与我分享：犹太民族在世界任何国家都没有被同化，却在中国被同化了。宋朝的开封和近代的上海都居住过大量犹太商人，像在全球其他国家一样，这些犹太商人成立了带有自己文化特质的社团，可是经过几个世纪的融合，这些社团最终在中国消失了。正是由于中国文明的博大精深和兼容并蓄，才实现了这种民族的融合，中华文化也正是依靠这样的心态，历经几千年风雨而屹立不倒、源远流长。

第十二章

一心如水

柔软是接纳、慈悲，柔软不仅是一种生命状态，更是一种气质，是一种由内而外的品质。

第十二章　一心如水

生老病死、成住坏空是一个本然的过程，这个过程就是“无常”，无常是宇宙规律，是事物运行不可更改的法则。一切事物都在不断迁移变化，刹那生火、长流不驻。

追求安稳是人之共性，很多人苦苦寻觅，就是为了能找到将事物真真切切握在手中的感觉，希望青春永驻、情意长存、富贵美满永不消失……可是这样的“常”真的存在吗？仰俯天地、纵览古今，我们是否真的能够找到不曾变化的东西？变化是世间唯一不变的规律，“无常”才是唯一的常。

无常是大乘佛法赖以建立的基础。人通常在年轻的时候比较执着，有炽热的梦想和笃定的追求，因此，很多年轻人往往会将无常理解为看破红尘、不知进取的消极无为。其实不管我们是否看破红尘，红尘都不会因为任何人而改变，而是一直在那里飞舞，最终人们都会改变自己来适应红尘，适应社会的自然规律。

无常渗透在生活的方方面面，生死、爱情、权力、金钱、名望都没有定数，这些许多人穷尽一生去追寻的东西，由于世事的变幻莫测往往会在朝夕之间分崩离析。面对这些无常其实我们无须恐惧，因为无常才是生活的常态，有所区分的只是时间的长短，就像每个人的生命有长有短，走到生命的尽头便都会死亡，而新的生命也会陆续降生，就这样生生不息、循环不已。其实，人生就是如此无奈，也如此循规蹈矩。

不了解无常，错误地解读世间万事万物运行的规律，也就错误地诠释了生命的意义，所以才会造成痛苦。想要摆脱这种痛苦，就要正确把握事物存在的规律，用一颗智慧之心去接纳它。佛学智慧是最高深、出世间的大智慧，它能够帮助我们反观自照，将出世之心应用于真实、现实的生活。

生活中我们会碰到各种各样的问题，也会有层出不穷的烦恼，我们所要做的就是面对、接受、解决、放下。问题是客观存在的，无法躲避，只能积极面对。当我们的心能面对、接受的时候，就一定可以找到方法解决，将事情解决之后就应该放下、忘记。忘记是一种洒脱的心态、一种宏伟的格局、一种超然的人生境界。佛陀说“四大皆空”，一切皆可忘记，一切皆可放下，在某种意义上来说，佛学是一门教我们如何“放下”的学问。

如果我们不能学会面对、接受、解决、放下，甚至其中的任何一个环节出现了问题，我们的心就无法安于当下，就会永远处于攀援、纠结之中，痛苦也就相随相伴，无法摆脱。

人生的每一刻都值得体验和感受，这些经历与过程给生命积淀下了无穷的智慧，时刻安于当下的人往往拥有超常的智慧与定力。广义来讲，安于当下就是一种禅定的状态，训练自己安住身心，是禅修的关键。

有一次，我在外奔波了一天，赶回香海禅寺的时候已经是深夜了，寺院大门早已关闭，我被关在外面，只能隔着大门听大殿屋檐上的钟在初冬的夜晚被风吹得叮咚作响。大约半个小时之后，负责安保的师傅才为我打开门。如果我不能安于当下就会心存抱怨、生气不安，可事实上我当时很自在，心里想的是寺院的安保工作做得很好，感到非常欣慰，这样一来反而感觉不到寒冷了。

生机盎然的生命是柔软的，就像自然界的花草树木，春天的时候抽枝发绿、柔软娇嫩；到了秋天就会变硬变干，水分减少；冬天则是花叶落尽、干枯冷硬。人也是如此，婴儿软得似一团棉花，小孩子的手脚可以蜷在一起，但随着年龄的增长身体就会越来越硬，老去时就会失去弹性、韧性，死亡时更会硬得像一块铁。

老子在《道德经》中也探讨过类似的问题："坚强者死之徒，柔弱者生之徒"，个性刚强之人容易被摧毁，而柔韧的人懂得示弱，顺势顺时，往往不容易被战胜；"天下之至柔，驰骋天下之至坚"，柔软之物能够驾驭刚硬之物，可见柔之力量强大；"天下莫柔弱于水，而攻坚强者莫之能胜"，天下最柔弱的是水，最强大的也是水，水滴石穿，水可以摧毁一切、淹没一切。人应该向柔韧之物学习、向水学习，至柔至坚、不惧万物。

水的一个基本特征就是柔软，而我们的心也本应该是柔软的，心地柔软的人身心轻安、与物无争，整个人笑容和煦、磁场安详、举止从容、气质优雅、神情喜乐、精神安逸、心态开放……

柔软是接纳、慈悲，柔软不仅是一种生命状态，更是一种气质，是一种由内而外的品质。

佛语云："相由心生，境由心转，心系诸佛，珠可助道。"又云："境随心转则悦，心随境转则烦。"再云："即心是佛。"

心改变了，我们的世界就改变了。以怎样的心来解读世界，世界就会呈现出相应的样子。

收入、住房、生活水平相似的人，有人活得很好，有人活得却很痛苦。为什么在相似的条件下会有如此大的差别？因为他们的心有差别。心胸开阔，任何事都能积极面对，人生自然充满喜乐；心胸狭隘、思想偏激，甚至顽冥不化，只会看到生活中的负面，活得当然会很痛苦。一个人的身体健康程度与性格也有着莫大关系，脾气暴躁之人肝火旺盛；性格沉郁之人则容易郁结五内，损伤器官。古人也说“求医药不如养性情”，我们的修养、心境决定了我们的生活质量，甚至决定了我们的寿命长短。

“佛法在世间，不离世间觉”，脱离世间法去寻找佛法就如同缘木求鱼。修行要与生活结合起来，在生活中觉醒，在生活中提高我们的觉察力。禅修其实就凝结在我们平时的行、住、坐、卧之中，时时修炼，身心一如、清净无染。

禅修时，不能说话，管住自己的眼睛、耳朵、鼻子，让自己的心去觉察。香海禅寺禅修班的学员牌一律不写名字，只用一个符号代替，因为汉字是声形义的结合，很容易让人产生联想，一旦写了名字，别人就会望文生义，分散注意力，而一个阿拉伯数字就是一个符号，不会让我们分心、攀援，从而使心处于“止”的状态。

内心的柔软是保持自性的前提，像水一样柔软就会像水一样刚硬，像水一样空明澄澈就会像水一样源远流长。水润物细无声，我们的修为也应该渗透到生活中各个细微的方面，以此来修炼、成就自己。

保持柔软才能保持坚韧，凡事有自己的标准和要求就不会被他人误导、迷惑，就不会在生活中迷失掉最真实的自己。上善若水，我们一心向善亦一心如水，像水一样透明。

第十三章

最好的修行

心中没有任何执念，才可以乘物以游心，潇洒出尘、自由无碍，涵养天真浑厚之性情。

第十三章　最好的修行

明代思想家王守仁临终时说：“是心光明，亦复何言。”如何理解光明心？光明与黑暗相对，能够驱走黑暗。人的本性是畏惧黑暗的，因此，在人类发展的历程中相继发明了各种照明器材以抵挡漫漫长夜中的无尽黑暗。人的内心一直向往光明，向往能够点亮生命的事物。

藏传佛教将释迦牟尼佛称为大日如来。大日，顾名思义就是像太阳一样光芒万丈、能量浩瀚。出家的师父逢人便说“阿弥陀佛”，意思就是祝无量光、无量寿。如果我们内心有无量的光，就会充满喜乐、安逸、愉悦，充满正能量，就能积极向上、幸福安详，而生活也会美好、和谐。

照镜子时，不要看自己的鱼尾纹又长了多少，肤色是白还是黑，而要看自己的笑容是否灿烂。如果每天笑容明媚，人一定会越来越好看。一个笑得灿烂的人心底一定是喜乐的，而喜乐一定来自一颗光明的心，只要内心光明，笑容自然会常驻永存。

君子自强不息，是因为内心深处有湛然的光明；小人蝇营狗苟，是因为内心深处一片黑暗，看不到光明的前途，只看到眼前利益。光明心与黑暗心正是君子与小人之间最大的区别，两种心所带来的处事方式、塑造的不同品质，让君子与小人分道扬镳，走上了不同的道路。

我们把在黑暗中做事情称为鬼鬼祟祟，因为心中之“鬼”是害怕光明的，光明一来“鬼”就会消失。那些思想阴暗的人，总会将自己遮起来，不愿意抛头露面，居住之地窗帘深垂；相反，一个内心敞亮、健康的人，一般都喜欢把窗户打开，难以忍受待在阴暗里的感觉。

每天早晨起来，合掌、放松，观想身边有无量的光围绕，光芒缓缓进入自己的体内，把身上所有负面的情绪冲洗殆尽，最后就会看到自己的身体像琉璃一样通透，像山涧泉水一样洁净无染。每天给自己这样一种暗示，就会发现自己内心充满积极向上的能量，并且能够带着这种能量面对每个人。没有人愿意看到别人哭丧的脸，笑容与积极乐观的生活态度更能赢得他人的尊敬。

佛法告诉我们要以光明之心去对待一切，最好的修行就是时刻告诉自己“此心光明”，佛法中的光明代表智慧，代表清凉、慈悲、轻安、自在、喜乐，如果无法做到这些，就是缺少智慧的表现了。

其实佛法里所讲的一切都是为了对治我们的烦恼习气。我们可以将“是心光明”作为观照、激励自己的标准，内心渐趋光明，烦恼也就消除了。

人都有自私的一面，但人也应该有克制与理性，如果做事依照惯性思维，从自己出发，时刻以自我为中心，喜欢索取，不愿施舍、不愿付出，便将自己限制在了一个狭小的境域之内，成为井底之蛙而不自知，甚至为自己而自鸣得意。得道者能够抛却本能中的自私，做到“物我两空”，即无物也无我。

心中没有任何执念，才可以乘物以游心，潇洒出尘、自由无碍，涵养天真浑厚之性情。不被物欲所累，不被情欲所伤，绵绵若存，与万物同根、与天地合其德。想要达到这种状态和境界，就要放下心中的自私与执念，学会抛下财物的负累，学会布施，学会善待他人。

佛、菩萨的慈悲叫作“无缘大慈，同体大悲”，能够与天地合其德，与众生融为一体，众生的喜怒哀乐都能感同身受，用尽方法帮助、度化众生。佛、菩萨有着最为广博的胸襟和仁爱之心，所行的是最广大的布施。

建香海禅寺时，资金一直比较紧张，但就是在这种情况下我们仍坚持布施，没有钱布施就做法布施，尽己所能服务每个到寺院来的人，把善念传给他们，给他们播下创造美好生活的种子。随着我们布施的增多，支持我们的人也越来越多，香海禅寺就众人拾柴火焰高地顺利建立起来了。

日常生活中要培养一颗布施之心，学会付出、给予。布施是培植福报的重要途径，如来都“不舍穿针之福”，何况凡夫？福报源于我们平时点滴行为的积累。布施的含义非常广，钱财只是其中一种，我们还可以用体力、微笑、快乐、技术布施，即使在街上捡一个垃圾袋也算是布施，此时布施的是清洁的环境和环保的理念。

有这样一个故事：

古代的秤十六两一斤，因此有半斤八两之说。某个县城南街有两家米店，一家叫“永昌”，另一家叫“丰裕”。“丰裕”米店的老掌柜眼看兵荒马乱生意不好做，就想出一个歪主意，他把星秤匠人请到家，避开众人，悄悄说：“麻烦师傅给这杆秤星改十六两为十五两半一斤，我多加一串钱。”这位星秤匠人为了多得一串钱，就忘掉了行规和职业道德，答应下来。老掌柜吩咐完毕，留下星秤匠人在院里星秤，他自己踱进米店料理生意去了。

老掌柜有四个儿子，都帮他料理米店，最小的儿子两个月前娶了一位私塾先生的女儿为妻，新媳妇在屋里做针线，老掌柜吩咐星秤匠人的话全被她听见了。老掌柜离开后，新媳妇沉思了一会儿，走出新房对星秤匠人说："俺爹年纪大了，有些糊涂，刚才一定是把话讲反了。请师傅将星改成十六两半一斤的秤，我再多送您两串钱。不过，你不要让俺爹知道，怕他脸上挂不住。"星秤匠人想反正可以再多得两串钱，无乎不可，就答应了。一杆十六两半一斤的秤很快制成，星秤匠人果真没把秤的变化告诉老掌柜。老掌柜因多次请他星秤，对他的手艺信得过，当天就把新秤拿到米店使用。

一段时间之后，"丰裕"米店的生意越来越兴旺；"永昌"米店的老主顾也来赶热闹，纷纷转到"丰裕"买米。又一段时间之后，县城东街、西街的人也舍近求远，穿街走巷来"丰裕"买米，而斜对门的"永昌"米店简直门可罗雀。到了年底，“丰裕”米店发了财，“永昌”米店没法开张，就把米店转给了“丰裕”。

年三十的晚上，一家人围在一起吃饺子。老掌柜心里非常高兴，出了一个题目让大家猜，看谁猜得出自家发财的奥秘。大家七嘴八舌，有人说是老天爷保佑，有人说是老掌柜管理有方，有人说是米店位置好，也有人说是全家人齐心合力。老掌柜最后嘿嘿一笑，说：“你们说的都不对。咱靠啥发财？靠的就是这杆秤！咱的秤十五两半一斤，每卖一斤米，就少付半两，每天卖几百、几千斤，就多赚几百、几千个钱，日积月累，咱就发财了。”

接着，他把年初多掏一串钱改十五两半一斤秤星的经过说了一遍。儿孙们一听，都惊讶得忘了吃饺子。惊讶之后，大家说他不显山不露水，连自家人都没察觉就把钱赚了，实在高明。

老掌柜得意之极，把胡子捋了一遍又一遍。这时，新媳妇从座位上慢慢站起来，对老掌柜说：“我有一件事要告诉爹，在没告诉爹以前，希望您老人家答应原谅我的过失。”待老掌柜点头后，新媳妇不慌不忙，把年初多掏两串钱改十六两半一斤秤的经过告诉了大家。她说：“爹说得对，咱是靠秤发的财。咱的秤每斤多半两，顾客就知道咱做买卖实在，就愿买咱的米，咱的生意就兴旺。尽管每一斤米少获了一点利，可卖得多了，获利就大了。咱是靠薄利多销发的财呀！”

大家又是一阵惊讶，个个张大了嘴巴。老掌柜不相信这是真的，拿来每日卖米的秤一校，果然如此。老掌柜呆住了，一句话也说不出来，慢慢走进自己的卧室。

第二天吃过年初一早饭，老掌柜把全家人召集到一起，从腰里解下账房钥匙说：“我老了，不中用了。昨晚琢磨了一夜，决定从今天起，把掌柜让给老四媳妇，往后，咱都听她的！”

人心其实就是一杆秤，来不得半点虚假。一颗布施之心会给自己带来丰厚的回馈，布施什么就得到什么，布施爱就会收获爱，布施钱财也会得到更多的钱财。故事中老四媳妇便懂得布施的力量，凭借一颗善良、利他的布施之心带领全家走上了发家致富的道路。

布施要与自己内心的向往和执念相反，自己缺少什么就要给予什么，喜欢什么就要放弃什么，如此才可以破除我执、培植福报、与众生结缘。

要想改变自己的境遇，最好最快的方法就是布施，不要等有钱了再布施，时常布施自然而然会变得富裕。

懂得无常，我们就不再执着，学会珍惜、活在当下；做到了柔软，我们就会心生喜乐，内心升腾起巨大的以柔克刚的能量；心中光明，我们就会不悲观，与一切负面情绪相隔绝，最终拥有至高无上的智慧；学会布施，我们的人生会越来越富有、越来越顺利。

其实想要做到这四点很简单，就是向水学习。水分分秒秒在变化，可以体现无常，又在柔软中带着无限刚强，“水利万物而不争”，它滋润万物，布施一切，拥有一颗丰足、光明之心。所以，上善若水、向善若水，诚哉斯言！

第十四章

心无挂碍

爱人者人恒爱之，你给予的爱越多，获得的爱也越多。

第十四章　心无挂碍

一个人能把事业做到无量大，一定是其内心对世界万物的解读方式十分超脱，眼界开阔、心胸宽广。

倘若所做所思的一切都从自己出发，为自己所想，那么，你能够拥有的平台就很小，能发挥的能量也有限；倘若将思想高度建立在惠泽芸芸众生之上，你会发现脚下的路辽阔宽广，能达到的高度就会突破眼前的一切极限。

香海禅寺发起了一个“爱心联盟”机构，旨在让每一个人都像兄弟姐妹一样相亲相爱，让每一个从这里走出去的人都活得更有爱心、更灿烂、更幸福。我们每个人都需要爱、需要温暖、需要关心，这是人类永恒的追求，有了爱心，这个机构就不会枯萎。

每次在“爱心联盟”讲课时，我都会说同一段话：“今天你来到‘爱心联盟’，回去后，你的家人、亲戚、朋友，你的整个社交圈子也变成了一个‘爱心联盟’。”这个平台是可以不断发展和扩充的，就像细胞一样不断分裂、复制。爱心在你的倡导和鼓舞下会辐射开来，今天你帮助了别人，明天别人又帮助了另外的人，后天那另外的人又帮助了你，到最后可能无量无边的人都会把爱回馈给你。

爱人者人恒爱之，你给予的爱越多，获得的爱也越多。你的爱无量无边，获得的爱也就无量无边。物理学中有作用力与反作用力，其实任何事物都要遵循这样一个自然规律，有什么样的付出就会有什么样的收获。如果你给别人带来的都是仇恨和恶意，又如何能获得生活的幸福和快乐？如果一直埋怨命运的不公，又怎么有勇气和斗志去追寻自己的理想和目标？难道种下黄豆，可以收获绿豆吗？自然不能。想要有收获就要有付出，想要有好的收获就要有艰辛的付出，这个付出必须是对的，否则只能是缘木求鱼，最终所得与自己的初衷大相径庭。

任何一种行为方式都会带来相应的结果，对自然生态也是如此，不尊重山川流水、自然环境，肆意破坏、肆无忌惮地攫取，得到的就是雾霾、沙尘暴、泥石流、海啸等层出不穷的自然灾害。很多人抱怨这个时代生存环境差，越来越不适合人类生存，但这样一个糟糕的环境正是因为人类心中有无尽的贪婪，欲壑难填，将对地球、环境的基本尊重与爱护都抛到了脑后。任何事情都要经历一个日积月累的过程才能显现出其结果与影响力，环境的恶化如此，资源的匮乏如此，而避免这些结果的唯一方式就是克制欲望、尊重自然。

我在学游泳时发现了一个很有趣的现象，当我把水不断往外推时，水反而不断往里涌；当我想把水往里拢时，水是不断往外泄的。其实，这样的规律在生活中亦有所体现。

“有心栽花花不发，无心插柳柳成荫”，当人绞尽脑汁想得到的时候往往得不到，倘若不贪、随心，反而有意外收获。《后汉书》中讲：“世人皆知取之为取，而不知予之为取”，这句话道破了天机，世人都以为把东西抓到手里就是得到了，却没有人想到给予才是真正地得到。

越布施，越富有。李嘉诚与别人合作的时候，如果本来得六成，他只会拿四五成，其余的让给别人，别人觉得这人很厚道，都愿意与他合作，最后他反而成了香港首富。李嘉诚的这种思想就是布施，自己少拿一点，别人多得一点，这样一来反而自己做什么都越来越顺利，运气也越来越好，帮助自己的人越来越多。当然，布施的方式多种多样，不仅仅表现在钱财上。

布施就是慈悲，布施就是给予，布施就是帮助别人，布施就是把好的东西和别人一起分享。当然，布施要用智慧做指导，佛教中，智慧和布施是鸟之双翼，二者同等重要，缺少了一翼，鸟儿就飞不上天空。

佛法认为万物的存在都遵循一个规律，这个规律就叫“因缘法”，一切事物缘聚则生，缘散则灭。

如果开一个门店，需要具备哪些因缘条件？资金、地点、项目、员工，还要装修、布置，等等，所有这些具备了，门店才能开起来，这些具体的条件都是因缘。

“因”和“缘”可以分开来说，简单地讲，因是种子，缘是条件。想要种出一棵大树首先要有一粒能长成大树的种子，种子是好的，这是因；仅仅有这个因还不行，还需要阳光、空气、土壤、水以及相关的护养，这些缺一不可，全部具备了，种子才能生根发芽，慢慢长成参天大树、开花结果。

宇宙中任何事物都不能无缘无故孤立地存在，而是相互联系、依附而存在的，万物之间的关系叫“此生故彼生，此灭故彼灭”，也就是说，任何事物的存在都具备一定的缘分。

比如，普陀山的天很蓝、水很清、空气很新鲜，像极了人间仙境。普陀山的花格外鲜艳，而一般的城市中难以见到这样美丽的花朵，这主要是因为环境不一样，许多地方的土壤、空气都被污染了，当然开不出那么夺目的花来。

佛学是一门充满智慧的学问，它研究的是宇宙间所有事物相生相灭的关系以及人类生老病死，不断迁移、发展的过程，而这些研究指向了一个恒常不变的法则，即一切事物的存在都是因缘和合。

不久前，有个朋友对我说，最近生意不好，员工留不住。我反问他，你有没有想过，你的客户来到这里，发现这里没有他想要的，他会转身就走，而且不愿再来；你的员工在这里工作发现没有发展的机会和前途，甚至不能挣足够的钱养家，这样下去怎么能够留住人？把事业做到无限大的前提是什么？是他人的需要，包括消费者的需要、员工的需要、社会的需要……总之，需要你的人越多，你的事业一定越兴旺发达。倘若不具备这样的因缘，事业自然就做不成了。

香海禅寺为什么存在，凭什么而存在？香海禅寺是为了利益众生而存在的。事实上，任何人做任何事都是这样，所做的事业只有极少一部分人需要时，存活下去的可能性就很小；所做的事业如果能让整个社会受益，那么发展的空间便不可限量。企业的掌舵者要时刻自问企业是否能够给大众带来好处，是否有存在的价值，这个自问与思考的过程便是参禅的过程。

参就是问，不断地问自己，然后努力寻找答案。不要认为佛学中的参禅就是枯坐，像个呆子。参禅是让我们生起智慧，参就会怀疑，怀疑就会问，有疑问才有可能找到答案。

参自己是谁，参自己在哪里，参自己往哪里去，这就是禅宗里面著名的“三参”。继续细分，也可以参自己此刻在干什么，是否因为某件事情而动怒，为什么会生病，孩子为什么会不听话……参得越彻底、究竟，就会活得越明白、通透。

人活在世上总会不断制造问题又不断解决问题，有智慧的人会把问题解决得很善巧，从而活得很顺利；没智慧的人问题解决不好，自然活得也十分艰难。

参禅并不像人们想象的那样枯燥，参禅的过程是与自己进行对话的过程，打坐也并不是枯坐，而是借助这个身心安静的状态参悟自我、参悟佛法。

古代禅宗有个公案，一个徒弟天天坐在院中打坐，师父看到这个弟子如此刻苦，怕他用错了功，就捡起一块砖头，在弟子身边磨啊磨，弟子被吵得不行，对师父说："你为什么要磨这块砖头？"师父说："哎，我想磨成一面镜子。"弟子惊讶地问："砖头怎么能磨成镜子呢？"师父反问道："砖头不能磨成镜子，你打坐就可以成佛吗？"弟子当下开悟。

打坐不能枯坐，而是要有明净的内心、敏锐的觉察，面对自己内心生起的诸多问题，去参透、解决。明白了问题出在哪里，就能想出解决的办法，没有看清自己的问题又怎么去解决？不知道读者们有没有关注或探访过监狱里的犯人，很多人都是因为一个小小的错误而酿成了无法挽回的悲剧，要为自己的过失负责才被关押。恶果发生了才后悔不迭，为什么在犯错之前不能认识到问题的严重性？

“见微以知著，见端以知末”，有智慧的人能够防患于未然，在事情没发生前就已经把可能会出现的问题规避掉了，能够把它们消灭在萌芽状态。“菩萨畏因，众生畏果”，等结果已经酿成再后悔，为时晚矣。

第十五章

不　二

一个人的未来有怎样的可能取决于自己内心的理念，小我只能收获小境界，大我才能收获大境界，而无我则会收获无限的境界。

第十五章　不 二

佛学可以看作一门哲学，它站在宇宙的高度来俯视世间万物，站在生死的高度来看待一切物命的大道。

也许正是因为它太高了，高处不胜寒，所以一般人接受不了。很多人一读《金刚经》，一看见“空”“无”“灭”，就认为这些离自己太远，甚至“八竿子打不着”。实际上，《金刚经》是部“发财经”，关键在于会不会读，能不能读懂。

说它是“发财经”，并非指书中写的是致富的教程，而是指它在精神层次上能够给予人指导，让人们把内心对物质的占有欲全部打破，顺应事物发展的规律，这样才能有所得。人要破除心中的执念非常难，但也非常简单。《金刚经》用一句话点破了破除执念的奥秘，“一切有无法，如梦幻泡影，如露亦如电，应作如是观”。

人世间一切财富、名望、地位，无论是看到、想到、听到、摸到的所有的东西都如梦、如幻、如泡、如影，都是刹那生灭、不能永存的。若能用这种眼光来看待一切事物，明白万物变化、生灭、流动、无常的本性，就不会沉迷于物质之中不可自拔，就能掌控自己的心，把握自己的生命。

佛学中有种思想叫不二，什么是不二？超越了二元对立即是不二。世间有善恶、有无、美丑、生灭，我们心中有了对待、有了分别便是“二”。有对待、有分别就容易陷入一个小的空间里走不出来，就不能做到和光同尘，继而也就不能进入一种大无碍的境界。

六祖慧能离开这个世界时，给世人留下一首千古名偈：“兀兀不修善，腾腾不造恶，寂寂断见闻，荡荡心无著。”偈子中的思想其实就是不二思想。

第十五章　不 二

佛学让人修善，又让人不修善；让人断恶，又让人不执着于恶。《四十二章经》里面有句话叫“无念、无住、无修、无证”，这是佛学中的终极智慧。笃信佛法之人，如果时刻告诫自己要起正念，要安住当下，要修到一个什么样的境界，就说明对“相”仍旧十分执着，并没有真正理解佛法，只有这些修行的相统统在心中扫除了，才能获得佛法中最高深的智慧。

做企业不能为了赚钱去做，不能为了图名去做，更不能为了得到某个地位去做，有了这个欲望也就有了束缚自己的障碍。当你心中不再产生束缚你的障碍时，你所站立的高度便是至高，以这样的高度来看待问题、理解事物，你和芸芸众生、凡夫俗子就有了天壤之别。

我们要经常在心里落实八个字：无念、无住、无修、无证。别人给再多掌声也和没有获得掌声一样，别人给再多的褒奖也不觉得自己有多了不起。有再多的钱也不会因此骄傲炫富，经受再大的打击也不气馁、不颓丧。

做到这些，还有什么能左右、影响、妨碍你?

当然，这种境界需要修炼，需要长久的磨炼，没有经历一定的困苦与磨难是无从生起这种境界的。很多人每天都在打坐、修行，只有那些不执着于“修行”，不执着于“打坐”“参禅”的人，才能进入到无修的状态，此时才是真正的修行，才会悟到真正的智慧。

做企业也是如此，创始人往往是最辛苦的，为了让企业能持续经营，往往夜以继日，在外冲锋陷阵，回家仍在谋划布局，但如果你的内心能够超越物质，即使每天再辛苦，也不会被“相”绑住、拖牢、拉下水，你知道这一切跟游戏一样，都是一个过程，都是因缘和合、成住坏空，倘若内心修炼到这种程度，便能拥有一种得之不喜、失之不悲的超然境界。

人的心胸就像一个容器，能容纳多少水才能浮起多大的船，达到“无住无着”之境界时，再大的船只也托得起来。有的人说自己的心胸足够宽广，不会受到金钱名利的诱惑，实际上，给他一百万元没感觉，给他一千万元也没感觉，但给一亿元便有点心动，十亿元就开始心生摇摆，撑不住了，这说明他的心里还是在意钱财，并没有达到真正的性空。

一个真正证入空性的人不会执着于赚多少钱，而是根据自己要做的事来衡量自己需要多少钱，在他眼中钱只不过是工具，并非目的。真正能够赚到钱的人往往不是为了得到金钱和金钱附加的一切名闻利养，他赚钱是为了做事，为了利益众生。

一个人的未来有怎样的可能取决于自己内心的理念，小我只能收获小境界，大我才能收获大境界，而无我则会收获无限的境界。把自己超脱出来便不会有执迷，不会因为外界甚至自己身份地位的变化而改变自己，今天当部长、总统可以当得很好，明天去扫地依旧可以扫得很好，无论是扫地还是当部长、总统，都只不过是职务不同而已，没有高低贵贱之分，都是在为人民服务。

看待事物能够做到无有高低便有了性空，能把不同的事做好便是妙有。性空妙有，一体两面，说二是一，说一是二。

“不二”的境界才是人生的大境界，每个人未来都应该往这个方向去成就自己。生意做得好不要在意，没做好也不要失落，一切只是过程，把当下的每个过程过好就行了。做自己力所能及之事，不执着、不分别，这就是最好的修行。当然，如果你有颗敏锐的觉察和观照之心，便会找到适合自己的项目，不会遭遇败绩。

修行的终极目的是解脱，我希望读者们能够走上一条修行之路，不断地挑战自我、超越自我，去面对新的自己。

第十六章

有 与 无

修行就是增加我们的厚度、宽度、高度和广度，因此多重的担子压在自己身上都不能觉得是一种压力，要把它当作一种责任，更要当作一种修行。

第十六章　有与无

禅宗的内在是生动活泼的，像山中繁盛的映山红一样烂漫，像水中的鱼一样自在，像所有生机盎然的事物一样充满活力。禅宗讲“顿悟”，能够使人得到彻底究竟的改变。

在禅门之外徘徊观望的时候，可能会觉得它无比洒脱、无比超然，但是深入了解便会沐浴在这种难以言传的法喜充满当中，那时候，你才真正明白什么是禅宗，什么叫无上清凉，什么叫究竟圆满的智慧。

接受了禅修，人生将得到颠覆性的变化；接受了禅宗思想的灌顶，就能拥有一双与众不同的眼睛，这双眼睛是出世间、无上智慧的“佛眼”，它能从生死的角度来透视人生，从宇宙万物的成住坏空来看待世间万有的存在规律。拥有了这样一双佛眼，就不再迷茫、不再颠倒、不再妄为……“不畏浮云遮望眼，自缘身在最高层”，站得位置高了，眼界开阔了，自然能眺望得更远。

相传，一日释迦牟尼佛说法时，手上拈了一朵花，对花微笑，一言不发。在场所有人都愣住了，佛这是做什么呢？唯有摩诃迦叶会意地微笑。这时，释迦牟尼佛说：“我有正法眼藏，涅槃妙心，实相无相，微妙法门，不立文字，教外别传，付嘱摩诃迦叶。”

这告诉我们，禅法的传递，并非来自言语、文字，也不是来自思维，它是不立文字，教外别传，直指人心，见性成佛。这一概念我们一般人很难理解，也就是说“言语道断，心行处灭”，只可意会，不可言传，只有真正契入那种境界的人才能够明白，但明白了也无法用语言表达出来。

真正的修行是改变我们的第七识。第七识是潜意识，在佛法中叫末那识，并非能从头脑中挖出来，一下子改变，要进入修行之后才能慢慢改变。修行要从改变第六识和第七识开始，“眼耳鼻舌身意”，第六识是意识，第七识是潜意识，这就是佛法上常说的“六七因上转，五八果上圆”。

修行能改变命运，靠的不是思维，恰恰相反，把分别、妄想等思维统统去掉、清除，这样才会离潜意识越来越近，最终使其有所改变。潜意识是最难改变的，因为它藏得最深。

金庸的小说《倚天屠龙记》中，张三丰传一套太极剑法给张无忌，教第一遍的时候问张无忌记住了多少，他说记住了一半；再教一遍，问记住多少，他说忘掉了三分之二；又教了一遍，他说全都忘掉了。张三丰传授给张无忌的并非剑术而是剑意，不必拘泥于刻板的招式，领会其中的深意与精髓，遇敌便可以意驭剑，幻化出无数的招数。

电影《功夫熊猫》中最高的武功秘籍是什么？人人传说得到这个秘籍就可以无敌于天下，当有人花费九牛二虎之力终于拿到秘籍后才发现它是一张白纸。大家明白这个白纸的含义吗？修行不在于有，而在于无，就像人的幸福不在于拥有物质多少，而在于内心有多空灵。

想要幸福，就要把所有有相的东西都清除到身体之外。也许你的身上有很多东西，但内心一无所有时才能收获真正的幸福，才能得到真正的大成就，因为空无一物的心承载力也最强。厚德才能载物，好比大海，再大的轮船都能承载得起，因为水深，浮力就强，如果是一个小水坑，一块木板放在里面都会搁浅。

在未来的人生中，我们想承载多少完全取决于我们现在的思想、行为、心量、意识。比如给你一个店长当，你的能力不称职；给你一个主管当，你没有办法把事情做好，没有把手中的团队凝聚起来。如果德不配位，最终这个“位”也不会是你的。如果给你一个村、一个镇、一个县、一个省，甚至一个国家让你去管，那你的眼界、思想、学识、胆魄、胸怀等有没有那么大，能不能与之相适应？如果不能，就像浅水承载不起大船，只能搁浅。

修行就是增加我们的厚度、宽度、高度和广度，因此多重的担子压在自己身上都不能觉得是一种压力，要把它当作一种责任，更要当作一种修行。

你有一千万元，便可以拥有一套不错的房子，一辆性能不错的汽车，一个温馨的中产家庭。倘若你的资产突然增加了一百倍，也许会产生巨大的压力，拥有十亿元资产的你想继续投资，但稍有不慎便造成巨大损失，投资增大，风险也会相应增长，可能事业在不断发展，但是身体和精神都开始走下坡路了。

近年来，很多优秀企业家年纪轻轻就身患重病，不仅因为操劳成疾，更因为承受着过大的心理压力，那些东西全压在身上，直至无法承载，身体就会出现问题。接触佛法、学习禅宗的智慧之后，会发现解决方法并不复杂——把心中的“有”变成“无”即可。

金钱、名誉、地位无不是过眼云烟，账户中拥有惊人的数字并不能说明这些钱财属于你。你只不过暂时掌管、支配这些数字而已，生不带来、死不带走，一生也花不了多少，最终还是要流向社会，流通到所有人的生活之中。

将“有”变成“无”，你就清空了，就像用 360 杀毒软件清空了垃圾的电脑，性能重回强大，如同头顶上的虚空，无量无边、无穷无尽，容纳万物。你着相了才有压力，故而越感觉有压力的时候，就越要把有相的东西放空。

香港演员沈殿霞，人称“肥姐”，但大家都喜欢她，因为她从不把自己的胖当作一回事，能放得下，她毫不扭捏地展现自己的胖，不刻意造作，善于诠释自己的本色美，从而赢得了观众的心。

想要清空，就要好好反思，为什么读书变成你的压力，为什么就业变成你的压力，为什么你感到人生迷惘，为什么你不能心想事成，为什么你心仪的人不来到身边……

在这里，我想对恋爱中的年轻人说，如果你想吸引对方，不要一味地讨好，最好的方法是绽放自己。你一绽放，他自然就被吸引过来了，恰如“你若盛开，蝴蝶自来”。

第十七章

降服我执

真正的改变，一定来自起心动念，起心动念没有改变，外在不可能发生任何变化。

第十七章　降服我执

人生有不幸才有幸运，如果没有不幸，再大的幸运也不觉得幸福。这个世界上如果没有苦，我们就感觉不到乐；如果没有乐，再苦也不觉得苦。可见，苦与乐、幸与不幸都是在对比之下产生的。

为什么有的人常常遭遇不幸，而有的人却一直很幸运？我们很容易就能点燃一堆干柴或一堆棉花，但却很难点燃一堆石头。同理，遭遇不幸是因为缺少福气，幸运之人是因为拥有福气。福气就是福报，福报都是自己修的，是往生和此生不断积累的结果。因此，碰到骗子、不好的伴侣、倒霉的事情时，都要反省自己。

一位上海的居士对我诉苦："现在的社会怎么那么

多骗子！到处都是假活佛，我碰到过好几个。”我说：“你应该好好反省自己，为什么你每次碰到的都是假的，而别人就碰不到？”

也许有人对你说，我帮你摸一下你就会发财，帮你摸一下你就会健康，帮你摸一下你就能升官……这世上哪有这样容易的事情？如果这么简单，他为什么不摸一下自己？

倘若摸一下业障就全部消掉，那样大家都不需要修行了。以前有个女孩子，用了五六年时间找活佛灌顶，一次我问她：“你觉得有什么改变？”她说：“没有一点改变，五六年下来，钱花了不少，内心反而越来越纠结。”

其实，人生的所有问题都是我们自己吸引来的，我们的心念、业力、习气等互相交织、影响造成了自己人生的磁场，把属于自己的东西全部吸引过来，这就是佛教中说的因果。你是怎样的人，就会吸引怎样的人来到身边，参透这个道理，就会知道自己该怎样生活，认清内心真实的需求与向往，将自己调整到所希望的频率，修炼自身，才有达成心愿的可能。

真正的改变，一定来自起心动念，起心动念没有改变，外在不可能发生任何变化。

我们要学会改变自己的心念，改变解读万事万物的方法，心改变了，世界就跟着变了。因此，要时刻想着自己的思想、行为、人生规划与什么相应，与邪相应，只能吸引邪恶的东西，与正相应，便会吸引正义之事物。

六祖慧能说："心平何劳持戒，行直何用修禅。"倘若心放端正了，行为是正直的，那些邪风邪见、颠倒痴想便都不存在了。

我们要时刻观照自己，察看自己的心。如果面对什么事都能保持阳光的心情，就会事半功倍；如果总是担心挂碍，事情还没有做，便已经失败了一半。

在做一件事之前，我们先要把调研、规划做好，将相关的方方面面都思虑周到。一杯水只有静下来才能清澈见底，一个人独处在安静的环境中，才能考虑得全面。

佛学中有“戒、定、慧”三无漏学，戒是什么？我们静下来就是“戒”。就像《西游记》中的孙悟空一样，用金箍棒就地画个圈，圈外面的邪魔妖怪都侵犯不了圈内的人，但倘若圈内的人禁不住诱惑走出来就“破戒”了；参加一堂禅修课也需要戒，期间不能接电话、玩手机、说话、东张西望，等等，只能按规定坐好。把耳朵竖起来，将心思收回来，全身心地接受导师分享的内容，这就是戒。由此可见，戒是一种保护和防范措施，能够帮助你更快、更好地达到自己的目标。

有人一听到戒律，无形当中就会产生一种抗拒，觉得不自由、受束缚。其实，戒律的目的并不是让人痛苦，而是让人有所成就。想达到某种目的，必须要遵守一定的戒条。就像一个肺癌患者，医生要求他戒烟，如果不戒只能活三个月，这时的戒便是延续生命的一种方式了。

没有清晰的目标是守不住戒的，因为它与人的本性相悖。肺癌病人倘若没有强烈的要活下来的欲望就会继续抽烟，活下去的信念比烟瘾大才能戒烟成功。

我曾对寺院里的义工说，倘若志不同、道不合，你在寺内也待不了多久，如果你的心没有切换到寺院内的生活状态，没有切换到修行的频道，你在这里就会度日如年，也很难遵守寺院中的规章制度。但是如果与寺院的文化、氛围相合，自然能够守戒，比如吃素，并非是别人要求你吃素，而是你自己根本就不想再吃荤。

当“戒”作为一种动力，推动自己往理想道路上前行的时候，就不觉得守戒多么难，所以，要达成某种目标，就一定要把频道切换到与这个目标相应的状态。

因戒生定，因定发慧，佛法能够打开人本有的智慧，智慧是抉择、决断、取舍，更确切地说，智慧通过抉择、决断、取舍达到我们的目标。想要寻回自己与生俱来的智慧，需要定的功夫。

人人都想顿悟，顿悟来自哪里？来自渐修。这和烧开水的道理是一样的，冰块无法马上加热成开水，它需要一个过程，但倘若是一壶已经临近沸点的水，只要稍微加热就沸腾了。那些顿悟者都是经过漫长的渐修与积累的过程才在某个时间顿悟的，即使有人顿悟得早，也是因为他积累的时间长，接近沸腾的时间也长。想要顿悟必须进行长久的修行，没有捷径。

世间万物都遵循同样的道理，只是外相不同而已。常人执于相、迷于相、被相转。老子说："自见者不明，自是者不彰，自伐者无功，自矜者不长。"其中的自见、自是、自伐、自矜与佛学中的我见、我爱、我慢、我痴一一对应。

佛学中的修行，在见道之前叫资粮位，这个阶段要一大阿僧祇劫的时间，一直是起起伏伏、上下不定，到见道之时便破除了我执，此后才能一直往上走，不会退转。因此，修行者最大的障碍就是我执。人天生以"自我"为中心：我说的、我看的、我想的、我的家产、我的地位、我的金钱、我的妻子、我的儿子……

老子曰："大国者下流。"真正的大国绝对不会耀武扬威，凌驾在弱小的国家之上。地处最低点，所有的水汇集到那里，才能汇集成汪洋大海；人亦如此，要想拥有财富，也一定要守在一个最低点，这样所有的财富不知不觉就汇集到一起，这就是"水低成海，人低为王"。

这世间的成功之人，都是谦和、低调的人，可能他的社会地位很高，内心却没有傲慢，没有高高在上，没有狂妄自大，没有忘乎所以，没有自以为是。

我给大家分享一个禅宗的公案。

有个老和尚正在方丈室内打坐，他的两个徒弟闹了矛盾，小徒弟进来说，师父，你要主持公道，刚才大师兄欺负我。老和尚说，你是对的，小徒弟高兴地出去了。俄顷，大徒弟又进来，同样说，师父，你要主持公道，二师弟刚刚做了很多无礼的事情。老和尚也对他说，你是对的，大徒弟也高兴地出去了。这时候旁边的侍者问，师父，这两个人意见相反，肯定有个是错的，你为什么都说是对的呢？老和尚对他说，你也是对的。

无论大徒弟、小徒弟还是侍者，三人在看待同一件事的时候都是从自己的角度出发，能想到的仅仅是事情的一个侧面。落入“我见”之中，便很难再客观地看待问题。

人破除了我执才能转凡成圣。我执在人心中根深蒂固，难以拔除，因此，禅修者坐下来，把眼睛闭上、把耳朵封住，六根清净方为道，不该看的不看，不该听的不听，不该说的不说。正如《论语》中所讲到的，“非礼勿视，非礼勿听，非礼勿言”，这样才能摄住自己的心。

我们的心好比一所房子，四周有六个窗孔，眼、耳、鼻、舌、身、意，外面的东西从每个孔都可以钻进来，扰乱心思的安定。守不住六根就会犯错误，话多了就会变成话唠，话唠就会得罪人，就会造业，人世间不知道有多少人因话致罪。像我这样经常外出讲课的人，站在台上也容易造业，因为也许某句话断章取义讲得不如法，无形中就造业了。

“我执”是我们最大的敌人，因此要时常进行观照，天天和它开战，时时和它交手，这么天长日久练下去，才有可能降伏它、驾驭它。

可以想象一下生活中可能会遭遇到的情景，想象在糟糕的境遇中能否放下“我执”，保持内心的平静。要是别人攻击你、谩骂你，向你吐口水，怎么办？当你走在马路上被狗咬一口的时候，你是不是也咬它一口？肯定不会这么做。但在生活中经常有人做这种傻事，被一个疯子骂了，就怒气冲冲和他对骂，最后连看的人都糊涂了，这两个人到底谁是疯子？

当一个人失去理智的时候，我们与他争辩便是“我执”在犯错，此时正是进行自我反省的最佳时刻。

当圣者进入见道的时候，便有了一双智慧的眼睛，能看清这个世间千变万化的存在规律。哪一天我们有这样一双眼睛，哪一天我们修到这种境界，哪一天我们能站在这种高度俯瞰世间，看到自己的一期生命，我们就转凡成圣，再也不会迷惑了。有了智慧的双眼自然能够自在地生活，此时任何烦恼都无法强加到我们的身上。

第十八章

真　相

时刻观照自己，观照后就能觉醒，不会迷失。

第十八章　真 相

释迦牟尼佛原本是古印度迦毗罗卫国（今尼泊尔与印度交界处）的王子，但他舍弃了将来要继承的王位，潜心修行。如果一个人能把人世间至尊至贵的王位放下去追求另一个东西，那么，这个东西一定比王位更伟大，更能给人带来成就。

释迦牟尼修行的目的是寻找一条究竟圆满解脱道路，在他看来，这条道路比人世间的名闻利养更重要。他历经了种种磨难，最终在菩提树下静坐四十九天，夜观明星彻悟到宇宙人生的四种真谛：苦、集、灭、道。

人生有很多苦，生、老、病、死、爱别离、怨憎会、求不得、五阴盛苦等。

前四种苦没有一个人可以逃脱，人并不记得出生前的感觉，但随着年龄增大就发现身体会出现很多问题，最简单的如牙齿脱落，身体不断走向衰老；每个人都经历过病痛，身体健康的时候觉得一切都好，生病了才发现人生无常。死之苦，经文典籍中描述人的死亡就像乌龟脱壳那样痛苦。这些每个人都要经历。

爱别离、怨憎会就如你所爱的人要和你分开，你所恨的人却总在你面前晃动，是否感到很无奈？五阴盛苦则是内心始终不得安宁，其实这个世界本就是无常的，无时无刻不在变化，我们无法获得永恒的快乐。

集，是告诉我们苦是怎么来的，帮我们了解苦的因。我们的苦来自哪里？来自我们所造的业，由此再形成生死与轮回。

灭，就是灭苦，要通过诸多方法和漫长的修行，才能逐渐转变我们身心的苦。

道，就是修行方法，诸如八正道、禅修、四念处等。当我们走上一条修行的道路时，我们的身心、行为、处世的观念都要正，正就是无违天地的规律，符合天地之道。中国文化中的“上天”“天道”与西方文化中的“上帝”其实是一样的概念。符合宇宙的规律，就能快乐、心安、幸福；违背宇宙规律，就是邪知邪见，就会受到诸多因素的制约。

修行，要自我观照，从而修一颗觉醒的心。觉醒的力量越强，就会越清醒，在任何时候、任何状态里都不会迷失。观照，实际上就是心中的定力，让自己的心沉下来。定之前有戒，之后有慧，统称三无漏学。当内心的贪婪被外在牵引时，就会被拉出去；将心限定在某一点上的时候，就能静下来。不守在某个范围里，定就没有了，也就不会获得智慧。

其实，任何修行都是要改变自己思考问题的方式，改变自己的心。我们的心如何解读世界，世界就会变成与之相应的样子。一个人的起心动念决定了他要走的路，很多人认为自己是不幸中的人里最倒霉的那个，但其实倒霉、不幸都是自己招来的，与别人无关。倘若我们感到人生不幸，一定是我们的心念不正；倘若我们时常观照自己的心，观照自己的行、住、坐、卧，随时随地都保持觉醒，保持从容、自在、美妙、幸福、快乐的状态，我们的身上就会充满吸引力，吸引各种好的事物来到身边。

随时随地都可以参禅，问问自己，我是谁？我从哪里来？要到哪里去？面对不同的人时我又是谁，要做什么？这样的自问会带来觉醒的力量。

我们活在世上所遇到的一切问题，都源于我们从不知道自己在做什么，不知道路在何方。

《佛说四十二章经》曰："夫为道者，譬如一人与万人战，挂铠出门，意或怯弱，或半路而退，或格斗而死，或得胜而还。"修行是最困难的自我挑战，因为面对的是自己的习气，只和自己作战。

被鲁迅称为中华民族脊梁的玄奘法师，为探究佛教各派学说分歧，于贞观元年（627 年）一人西行万里，历经艰辛到达印度佛教中心那烂陀寺求取真经。这样的宏伟之举的确可以看作榜样的力量，所以，在我重走玄奘取经之路，徒步穿越沙漠的过程中，在中暑、左腿肌肉拉伤又没有足够饮用水的状况下，在精神和肉体面临崩溃之时，我依然告诉自己要用意志坚持挑战。

修行是这样，做任何事情也都是这样。我从小到大都待在庙里，读完佛学院后便教书，此后十余年一直在做传播佛法的事业。我经常将自己对佛法的领悟对接到做事的过程中，发现真正验证修行成果的就是做事。这几年建设香海禅寺的过程中碰到了很多问题，在建大殿的时候，当地的农民要求我们赔偿遮光费，甚至威胁要把大殿炸掉……类似的棘手问题不胜枚举，在处理这些问题的过程中，不仅磨砺耐心，也非常考验修行的成果与智慧。

只要在做事，就会遇到各种问题。人生有一种状态，当你接受的时候，你的心是敞开的；当你抗拒的时候，你的心就是痛苦的。事情来到你身边你无法逃避，最好的办法就是接受，然后面对、处理，最终解决。

修行者绝对不会逃避，修行让人更有力量，重回红尘时，心境得以改变，能力得以提升，对在家人来说，这是修行真正的意义。修行要与生活、为人、处世等结合在一起，真正的修行者表里如一、言行一致，身心皆正。

时刻观照自己，观照后就能觉醒，不会迷失。心里清清楚楚，但又不点破，这就是智慧。智为决断，慧为抉择，目标与所做的是一致而不是分离的，这叫智慧；也可以这样说，智是了解事物的相，慧是了解事物的本质，能够参透相又能见到本质，便是智慧。

第十九章

心的引力

觉醒的人，面对一切问题都能保持冷静，思路清晰明了，对人生、名闻利养的解读也比一般人透彻。

第十九章　心的引力

当我们静下来审视自己的人生时，人生的迷惑会越来越清晰，会慢慢“觉醒”。所谓的“觉醒”，就是心无迷惘地去看世界。人与人之间最大的不同不在于出身、地位、贫富，而在于自己的心对世界的解读，是“迷”看世界，还是“悟”读世界。

觉醒的人，面对一切问题都能保持冷静，思路清晰明了，对人生、名闻利养的解读也比一般人透彻。我们活在这个世间，总是有着纷繁的追求，可是当我们沉迷于追求的时候，有没有问问自己，这些东西是不是我们真正想要的？它们能不能让我们的身心得到成长和蜕变？

有一次我在机场等待乘坐飞机，在候机室看到有人卖葫芦，其中一个非常漂亮，价格也不贵，我很喜欢，当我打算买下它的时候，默默地询问自己，这个东西对我有用吗？我是发自内心地喜欢吗？如果买回去又用不着，只是放在屋里做摆设，那我还买它做什么呢？这样一思考，我便放弃了购买的念头。

这样的事情在每个人身上肯定都发生过，很多女士都有许多衣服、箱包和首饰，当初可能只是眼睛一亮就买下了，买回来才发现并没多少用处。做任何一件事情之前，都要想想做这件事情的意义何在，少做些没用的事情，这样在生活中就会少一些纠结和烦恼。

佛教里有一个概念叫“三无漏学”，即戒、定、慧。很多人一听到“戒”就浑身不舒服，正是因为“戒”触动了人的习性，触动了生活的安逸、简单，戒掉这些固有的习性会让人不自在。人性中的贪婪与欲望正是促使我们在生活中犯错的原因，守戒才能避免犯错。

中国翻译的第一部佛学经典是《四十二章经》，金庸先生在《鹿鼎记》中说其中藏着富可敌国的宝藏，事实上，这部经中的确藏着宝藏，但并不是金银财宝，而是比金银财宝更为宝贵的，用之不竭、力量更强的精神宝藏。经中说："欲念之人，犹如持炬，逆风而行，必有烧手之患。"意思是欲念重的人就好像手中拿着一个火把逆风而行，风吹火苗必然会烧到自己的手。

这个比喻告诉我们，要冷静地看问题，少欲知足。"少欲"不是"无欲"，人不可能不吃饭、不穿衣、不住宿，只满足这些基本的需求便叫"少欲"，超出这些范围内的欲望便是"多欲"，欲望多了肯定会带来苦恼。

当你的生活、交际和所面对的人群越来越简单的时候，快乐就会成倍增加；人生太复杂，快乐只会越来越少，只有"精"才能做到"纯"，这一道理与"少欲知足，欲多苦多"一样。

"戒"亦是如此，不必对"戒"产生抵触情绪，"戒"并非在束缚我们，而是促使我们更好地修行，更好地做自己。就好像在草原上，不知道东南西北，没有任何标志和提示，怎么走到目的地？这个时候如果有一个前行者用绳索牵引，我们很快就能抵达预期的终点。

人都不喜欢被束缚，都喜欢自由自在，但任何事情都有利有弊，若自由散漫没有方向，何时才能抵达人生的目的地？“戒”便是生命中牵引我们前行，纠正我们方向的绳索。

有的人随便被人说一句就暴跳如雷，如果你是这样的人，你的脾气很容易就会被人挑拨起来，情绪失控，做出一些让自己后悔的事情来。

《孙子兵法》中讲到过为帅之道，大意为一个明智的决策，会给这个国家带来繁荣昌盛；一个昏庸的决策，会给国家带来灾难。所以，一个好的决策者不能喝酒，不能情绪暴躁、好逸恶劳或贪图淫欲，应时刻保持清醒，保持自己的本心。

“帅”指位高权重、发号施令之人，但这并不代表他就可以不受约束、胡作非为，如果这样，那这个“帅”只能是昏庸的“帅”。做一个明智的“帅”，一个要持戒，破除“帅”的架子，保持“帅”的威仪。我们在生活中也要坚持这样训练自己，有所为有所不为，遵守一定的“戒”，守住“戒”，便能“定”，定下来之后，你看待问题和决策问题都会更有智慧。

怎么描述“慧”呢？打个比方，我们站在五层楼上能看见远处的小河和群山，更远的东西就看不到了，可如果站在一百层楼上，可能就连山背后更高的山都看得见了，正因为高度不同，眼界不一样，所以看到的世界也不一样。

智慧有两种，一种是世间的智慧，另一种是出世间的智慧。何谓出世间的智慧？就是你看到的不仅仅是此生此世、此时此地，更能看到无量世的生命、无限的世界，能够站在“成、住、坏、空”的高度来看待世间的“生、住、异、灭”。要想提高我们的境界，就要站在一个更高点来看待这个世间，也许我们不一定能看得到，但可以站在圣者的肩膀，将他们的思想作为自己的基点。拥有这样一种看待世间的眼光，正是我们学习佛法的意义所在。

人活在世间，就像一棵树，叶子全部生长出来，在上面吸收阳光空气，根深深地扎进土壤里，吸收水分、养分。我们学习也是这样，要不断地学习和吸收。学习不是模仿，把他人的优点吸收到我们的身上之后，还要去转化，这样才能提炼出自己的东西。世间哪有一模一样的两棵树，即使是同样的种子长成大树后也不尽相同。佛法要求我们每个人独立思考，正是在引导我们从普通、细微的生活中悟得真知。佛经中说佛有三十二相、八十种好，每一尊佛依谛修行的因不一样，最终得到的果也不一样。所以我们在人世间修行、做事情一定要以我们的思想、创新走出自己的一条道路，这也是佛法所提倡的思想。

第十九章　心的引力

这个世间，万物的存在必有它的因和果，一切事情的形成，既要有形成的因，也要具备相应的缘，违背了缘很难达到理想的结果。譬如你要做一件事情，在做的过程中会碰到很多因，有善因、恶因、逆因、顺因，等等，有些因是用来帮助你的，而有些因则是用来障碍你的。碰到障碍的因，就要超越它，碰到顺因，要学会感恩它，这是我们面对因的一种认识，也是我们在做事过程中要修炼的智慧。

碰到逆因的时候就要想办法超越，你不能超越就会被这个因所打击。曾经有几个上海交通大学的留学生到香海禅寺做禅修，我对他们说，人世间轻的东西往上升，重的东西往下坠，大家从这个最基本的概念便可以了解到一些常识，也能够想明白为什么所有的宗教中天堂都在天上而没有在地下，业障最重的人为什么会滑到最深层的第十八层地狱。

一切都是因缘，外在的因缘、内在的因缘，无数个因缘促成了我们生命的现有状态。当我们身体健康、事业成功、家庭和谐、物质富足的时候，我们是不是很轻安、快乐，每天都活在天堂里？当我们事业不顺、家庭不和、人际关系不如意，每天惶惶不可终日的时候，是不是吃饭不香，看什么都不美？这种状态跟生活在地狱中有什么区别呢？

为什么我们会受外在如此多的左右？我们来到这个世间，有没有活出自己，在这一期生命的过程中能做出什么？这里面就涉及了一个话题，佛学中叫作“参禅悟道”。

古人的参禅包括父母未生我之前我是谁，此后念佛者是谁，死后往哪里去，坐在那的又是谁……这个问题可以不断往外延伸，你是谁？面对父母你是谁？面对孩子你是谁？你在公司、在行业里又是谁？不断地依照自己的情况，不断地设立诸多的参问，每天早上起来后都要坐下参禅。参什么？参自己。

询问自己，前一阵子为什么会怒火燃烧，为什么会迷失自我？为什么会做出不可理喻的行为？当你问的时候，会发现心慢慢冷静了下来，发现自己有不对的地方，别人不一定都错。当你能反思自己，你就能冷静，当你冷静，你就能带着智慧心去做决策。

有一次我在石佛寺讲课，课堂上有几千人，课程结束，我给大家答疑，有一位女士站起来，说："师父，我很不喜欢你。"我说："是的。你不喜欢我，但还要听完我的两个多小时的课程后才告诉我。"

我们不可能要求所有的人都喜欢自己，不可能要求所有人都按照自己的意愿说自己想听的话。世界和而不同，不同人的不同观念、看法、意见，让我们能清醒地看到自己，认识自己，找到属于自己的道路，找到自己的存在价值。

世间任何事物都有它所存在的因缘和条件。人活在世上要具备因缘条件，社会的发展要具备因缘条件，一切都无法建立在空中楼阁之上。世界上有很多物理学家、科学家、医学家都在不断地验证佛教的思想，它符合物理，符合医学，更符合生命的真相。

在一个“生命物理学”论坛上，原中国科技大学校长、化学家和自然科学家朱时清提出，原来认为粒子、电子是物质的最小单位，现在发现是“夸克”。科学家们无法看到“夸克”本身，只能观察到其运动轨迹，但人的意念却能够左右“夸克”，也就等于说物质的最小单位“夸克”可以受我们精神的左右。从某种意义上说，这个世界是生活在其中的所有众生的意念所构成的。

佛学中的“万法唯心”观念与朱时清先生的观点如出一辙。在佛学中，宇宙的形成是众生的业力，也就是共业促使而成。比如，我们感觉桌子是坚硬的，山河大地是稳固的，觉得这些事物不会发生改变，实际上每一样东西的存在都有一定的时间局限。当我们明白这个概念，就能认识到每一个人的意志有多么的重要。

更确切地说，我们生活中遇到的所有好与不好的事物都来自我们心的引力。心改变了，世界就改变了。

孟子曰："行有不得，反求诸已。"当我们的世界不美好的时候，一定是我们解读世界的心出了问题。我们总认为是别人给自己造成痛苦，其实不然，痛苦由自己的心创造，由自己的心感知，发觉这些，所有的结便都解开了。

一定要付诸行动，从现在开始，我们的人生就会发生翻天覆地变化，永远不要找别人的原因，只在自己身上找根源，从原点上改变和修正。

第二十章

十二因缘

凡事不要贪得无厌，自己能承受多少就要多少，超过的，即便得到再多也会随即失去。

第二十章　十二因缘

学习佛法，首先要从基础的东西学起。佛教的基础是“四圣谛”与“十二因缘”。我们知道，佛陀出家前是一位王子，他放弃尊贵的王位去参悟宇宙人生的大道，首先证悟的就是“四圣谛”与“十二因缘”。在本书前面的章节中，我们已提到过“四圣谛”，现在，我们开始共同学习“十二因缘”。

十二因缘也称十二缘起，指从“无明”到“老死”这一过程的十二个环节，分别是无明、行、识、名色、六入、触、受、爱、取、有、生、老死。此十二个环节每一个都不能独立，都是与前后互为因缘、相互依存的，故而“此有故彼有，此无故彼无，此生故彼生，此灭故彼灭”。

“无明”指不清楚、不明了、不清晰、不醒觉。把错误的东西当作正确，把短暂的东西当作永恒，把流动的东西当作固有，把刹那生灭的东西当作固定不变……由此，人便越来越迷失。就好像瀑布，远远地看过去仿佛一条白练挂在山间，但实际上它是一直奔腾流动、不断更新的。

古希腊哲学家赫拉克利特说：“人无法两次踏进同一条河流。”因为水在流动，前一次踏到的水已不是后一次踏到的水。将这个思想不断往外延伸，难道“我”是一成不变的吗？小时候的“我”与现在的“我”一样吗？现在的“我”与未来的“我”一样吗？不一样，因为事物一直处在生灭变化中。

我们拥有一样事物，就希望它永远保持最初的状态，但世间万物永远随着时间与环境的变化向前推进。自己的人际关系在不断变化，社会在不断变化，我们所拥有的一切都不断地在变化。万物都在生灭变化之中，倘若依然死守着“占有”的成见，就是“无明”。

有人问我，师父，香海禅寺的义工最近又换了。我说，这很正常，不换才是不正常，人不可能永远待在同一个地方，缘起缘灭，人聚人散，这是世间万法的变化规律。

不能正确地认识世间，只会给自己增加痛苦；认识到世间真理，就能产生巨大的智慧。人产生痛苦与无量纠结的第一个原因就是“无明”，拥有智慧才能摆脱无明。

无明也有好多种，有贪、嗔、痴、慢、疑、不正见，以及恨、怒、恼、嫉、奸、谗、骇，等等。

我曾在西藏碰到一个从事金融业务的小伙子，他曾自己制订了一个滑稽的计划，要求自己在一个月内每天花费一万元用来吃饭，要吃尽山珍海味、美味佳肴，但令他意料不到的是，仅仅十天后他的后背就生出了一个脓包，为了消掉这个脓包，他住了一个多月的医院，从此以后只能吃素。

生活中这样的例子还有很多，很多人热衷于玉盘珍馐的美食，偏要等到吃出病来才知道悔过。其实人能吃什么、能吃多少是有定数的，过度消耗自己的胃，不知节制、日积月累，身体会慢慢难以负荷，便会出现意想不到的问题。

凡事不要贪得无厌，自己能承受多少就要多少，超过的，即便得到再多也会随即失去。一个人的财富有多少，德行就要有多厚，没有深厚的德行便守不住相应的财富，最后很可能还会失去健康、家庭、亲情乃至生命，这样就得不偿失了。或许有人认为这样的想法是杞人忧天，但是观察一下生活，这样的例子是不是有很多？

佛学中的“培福”就是培植自己的福报，当你的福报越来越深厚的时候你所能承载的东西才会越来越多，这便是人们常说的“厚德载物”。就像水，大海里的水可以承载航空母舰，而家门前小河里的水最多承载一只乌篷船。道理是一样的，今天你的身价一百亿元、一千亿元、一万亿元甚至更多，反而会有一种无形的压力，担心随时失去，可当你的心中觉得自己一文不名，不觉得这些财富属于自己，就不会患得患失，如此才会有无边无际的承载力。

有些人因为自己的名片上打着“× 会长”“× 董事长”“× 理事长”的头衔，所以总是板着脸，端着架子。其实没有必要这样，真正的厚德载物是慈悲为怀、怜悯众生的，是放下虚荣、放下架子的。端着架子，所得到的就只是个位子而已，别人都是因为你的位子才亲近你，而不是因为你的人格、品质。放下架子，得到的反而会更多。

当你放下你名片上的角色时，无量的角色就可以任凭你去展现。“放下”并非“放弃”，放下的只是名望和地位，放下这些虚华的东西，内心才会更轻安。当你把手中的东西放下后，掌心便空了，想拿什么都可以。要随时随地清空自己，放下心中各种各样的执着。放下了，便会笑容灿烂、睡得踏实、吃饭很香、身心愉悦。

身心舒畅，吃得好、睡得香，疾病就会远离你，这也是保持身心健康最有效的方法。

以“无明”为镜子，不断反省自己时，我们的头脑会越来越清醒，处理问题也会越来越有智慧。

我平常喜欢在便利贴上抄写一些让人受益的词语和句子，把它们贴在自己每天都看得到的地方。有时候我用手机把那个词拍下来，然后作为手机的屏幕，这样就可以天天看到了。

释迦牟尼佛的伟大源于无量无边众生的需要，他悟出了佛法的义理，将它布施给众人，众生从中受益，因此成就了他的果。

一个人能够有大成就，一定是因为他被许多人需要，并且他也心甘情愿付出，在不断利益他人的同时成就自己。如果哪一天我们把对他人的付出当作成就自己的机会，会发现所有的付出最终都会返回到自己身上，在这些付出与成就中我们的价值也能得以体现。

第二十章　十二因缘

一只猫在墙边的架子上吃东西，一只鸡跑到它跟前也要吃，猫就用爪子捂住，不让它吃，最后鸡跳上木架，把猫挤到旁边去了。吃食物是所有动物的本能，因此它们才会为了一点吃的而相互竞争，但人如果也这样，想要什么就去争抢，与动物有什么区别?

了解世界能够帮助我们认清自己，破除“无明”。

无明之后是“行”。“行”是造业，造各种各样的业。人只要行动，就一定会造业，要么是善业，要么是恶业，要么是无记业。因为有“我法二执”，就会起惑造业，也就有了业行。

眼睛在佛学中称为“眼根”，眼根碰到外界事物产生色尘，对色尘进行分析、理解、认识、取舍，会形成“识”。“六根”对应着“六尘”，叫作“眼见色，耳闻声，鼻嗅香，舌尝味，身感触，意触法”，继而产生“六识”，眼识、耳识、鼻识、舌识、身识、意识。此外还有第七末那识、第八阿赖耶识，第七识和第八识我们看不到，能看到的只有前六识。眼睛看到某件事物产生相应的“尘”，我们把这种概念叫作“恶”。修行是什么？修行是让自己变成不恶，不恶是超越于善恶之上的一种境界。

每个人多少都有“不恶”的状态，比如你是老板，不会因为一个员工性格偏激就把他踢出门外，你会考虑他其他方面还可以，就会尽量去发挥他的优长，规避他的缺陷，此时你就做到了超越他性格之上，达到了一种“不恶”的境界。

我们身边经常会出现各种各样的问题，只有超越它才能驾驭它，你不能超越它，就会被它同化或打击。我们认识世间都是靠“六根”接触“六尘”产生“六识”，不断超越这些之后才能达到一种高超的境界。

人对外界的认识首先源于“六根”，所以修行的第一个门槛也是“六根”。“六根清净方为道”，不该看的不去看，不该听的不去听，不该说的不要说，守住六根，这就是“识”。如果“道”变成“相”，“无”变成“有”，就是将精神层面的“识”变成物质，物质是名色的开始。

所谓“触”，即接触之后才知软硬、才知冷暖，如此就产生了“受”。受就是领受，有苦受、乐受和舍受。当你触碰某样东西的时候便会产生感受，内心对它有所判断，自然会对坏的东西抗拒、诋毁、排斥，对喜欢的东西产生贪念，总想把它占为己有，到手了也还担心被人抢走，想尽办法把它保护住。

由“受”产生“爱”，有爱就开始造业了。有了贪爱之心，“识”就会去追求和占有，当对某个事物执着追求的时候要学会反省：这种行为值不值得？它对生命和人生有多少意义？

我便时常反省，人们总是那么忙，忙得都不知道每天在干些什么，可能突然有一天发现自己忙不动了，那么离开这个世间的时刻也就要来临了。

人永远是矛盾的，也许你有精力的时候，没有钱财、名声、阅历，等到你终于拥有钱财名利，却发现自己可能已经无福消受了。所以，有些人到死的时候总想拽住一些东西，即便死也不想空着手。穷尽毕生精力与心血换来的财富无法享受，离世时心中也充满不甘。如此，处于人生最高峰的时候就要学会自我反省，我离死还有多远？我是否享受到了生命与生活的美好？我还能做些什么？

我很喜欢李开复先生与星云法师的对话，看了好几遍。李开复说每天他都要去微博上看有多少人关注自己，如果没有达到他想要的那个数字，他就觉得自己的那篇博文白发了。星云法师告诉他，这是妄想。

人在很多时候都有这种妄想，沉浸在自己的期许之中，不知道危险与死亡已经慢慢逼近，当李开复得知自己已经得了癌症，生死悬于一线时，他才真正醒觉，从前对名利的执念也在一瞬间便放下、看开了。

癌症的病因不单单是空气不好、水不好，更多的是内心的恐惧、纠结。恐惧、纠结的心理会让人从里到外泡在毒缸里，处在这样的状态下，不生病才怪。

我曾在三个月的时间里送走四位老人家，当我送走他们后，我就在想，去年年底去看望他们的时候，他们还拉着我的手跟我说话，今年看到他们就躺着一动不动了。这些事情让我突然想到，我离死还有多远？我还有多少时间可以存在于世间？如果不生病还可能有不少时间可以活，如果生病，说不定随时都会走掉。

亲朋好友去世会给我们带来关于生死的思考。如果你是个狂妄自傲、有强烈进取心的人，更应时常思考这个问题，想明白了，就知道爱惜自己的身体了。

这就是“触”和“受”给我们的启发，接触就有感受，有了感受就会产生贪爱，有贪爱就会想办法去占有。继而就产生了“有”，“有”就会造业，因为你要付出行动，善的行动会造善业，恶的行动就会造恶业。造业就会有轮回，这就是“生”。因为“业”铸造了我们的身，这个身再继续造业，生生世世，永无止境。

每一期生命都必须面对一个问题，就是“老死”，并且伴随着无明。当然，如果“明”了，就解脱了，正是因为无明，我们才会堕入轮回的苦海。

说完这些，我想大家已经明白了，“十二因缘”就是在描述我们的生命历程。我们不能决定自己从何而来，但我们可以决定自己向何而去，生命随着自己的心念走，心中有了目标，脚下便有了方向。

思想和性格决定了我们未来的路，只有走上一条修行的大道，才有可能摆脱这样的命定约束。这并非易事，但不管怎么样，我们都应该努力去做，学着改变自己的性格和思想，跟所谓的命数做斗争。唯有清楚地认识自己才能改变生命轨迹，而唯有觉醒的心才能让人看清自己。

“十二因缘”告诉我们的道理是宇宙万有的存在法则，违背了宇宙法则就会受到上天的惩罚；遵循宇宙法则便可以顺势而行，成就更完美的自己。